Orestis Tziolas

Efeito in vitro e in planta de Chromolaena odorata e Candida sp

Orestis Tziolas

Efeito in vitro e in planta de Chromolaena odorata e Candida sp

Uma revisão da atividade antifúngica de um dos extractos de plantas mais importantes utilizados na proteção das culturas

ScienciaScripts

Imprint

Cover image: www.ingimage.com

This book is a translation from the original published under ISBN 978-3-659-85261-9.

Publisher:
Sciencia Scripts
is a trademark of
Dodo Books Indian Ocean Ltd. and OmniScriptum S.R.L publishing group

120 High Road, East Finchley, London, N2 9ED, United Kingdom
Str. Armeneasca 28/1, office 1, Chisinau MD-2012, Republic of Moldova, Europe
Managing Directors: Ieva Konstantinova, Victoria Ursu
info@omniscriptum.com

Printed at: see last page
ISBN: 978-620-8-36845-6

Conteúdo

Resumo

A atividade antifúngica do extrato aquoso de Chromolaena odorata contra o míldio de Alternaria (Alternaria brassicae) foi examinada in vitro e in planta. In vitro, o extrato foi capaz de inibir a germinação de conídios e o crescimento micelial, enquanto que, in planta, o tratamento foliar com o extrato de C. odorata reduziu a incidência e a gravidade da doença em Brassica oleracea. Além do extrato, Candida sp. também foi testada quanto à sua atividade antifúngica contra A. brassicae e também foi eficaz contra a germinação de conídios e o crescimento micelial, ao passo que, em plantas, não se observou qualquer efeito sobre a incidência e a gravidade da doença. O extrato de C. odorata e Candida sp. não teve qualquer efeito na germinação de sementes de B. napus e na indução da atividade da β-1,3-glucanase.

I) Declaração do problema

O míldio de Alternaria (*Alternaria brassicae*) é uma das principais doenças que afectam as espécies de *Brassica*. A importância da doença é ainda mais significativa, uma vez que a maioria das cultivares comerciais é suscetível (Guillemette *et al.*, 2004). O controlo químico é atualmente a forma mais eficaz de controlo. No entanto, a procura de formas alternativas de controlo, como os extractos de plantas, está a aumentar devido à poluição ambiental causada pela aplicação de produtos químicos (Meena *et al.*, 2010).

A C. odorata é uma erva daninha asiática com valores medicinais (Rao *et al.,* 2010) e o seu extrato revelou, recentemente, as suas capacidades antifúngicas contra quatro doenças do arroz, ou seja, *Rhizoctonia solani, Puricularia oryzae*, *Bipolaris oryzae* e *Xanthomonas oryzae*. O extrato de *C. odorata* é facilmente produzido e, consequentemente, pode ser utilizado como um potencial fungicida nos campos de arroz (Khoa *et al*., 2011).

No que diz respeito ao acima mencionado, foi interessante investigar o efeito do extrato de *C. odorata* na praga de Alternaria em espécies de *Brassica*, bem como o impacto do extrato no crescimento de fungos.

Os principais objectivos deste estudo foram os seguintes

- Investigar o efeito do extrato de *C. odorata* na praga de Alternaria em espécies de *Brassica.*
- Examinar o efeito do extrato no crescimento de *A. brassicae.*
- Investigar se o extrato foi capaz de ativar respostas de defesa contra o míldio de Alternaria.

II) Parte literária

A) Introdução

A.i) Sementes oleaginosas e produtos hortícolas do género Brassica

O género *Brassica* é um dos 51 géneros incluídos na família *Brassicacea*. Ao género *Brassica* pertencem várias espécies diferentes de oleaginosas e legumes (Quadro 1), cuja importância agronómica assenta nas suas raízes, folhas, caules, botões, flores e sementes comestíveis (Rakow, 2004).

Quadro 1: Os membros mais consumidos do género Brassica (Beesher, 1994).

Espécies	Variedades	Nome comum
Brassica campestris		**Mostarda de campo**
Brassica chinesis		**Bok choy**
Brassica juncea		**Mostarda**
Brassica napus	**var *napabrassica***	**Colza de sementes oleaginosas**
Brassica nigra		**Mostarda preta**
Brassica oleracea	**var *acephala***	**Acelgas**
Brassica oleracea	**var *acephala***	**Couve**
Brassica oleracea	**var *botrytis***	**Brócolos**
Brassica oleracea	**var *botrytis***	**Couve-flor**
Brassica oleracea	**var *capitata***	**Couve**
Brassica oleracea	**var *gemmifera***	**Couves-de-bruxelas**
Brassica oleracea	**var *gorgilodes***	**Kohlradi**
Brassica pekinensis	**var *capitata***	**Couve (chinesa)**
Brassica rapa	**var *rapifera***	**Nabo**
Brassica rapa	**var *japonica***	**Nabo vermelho**

Os termos "colza" ou "colza" incluem sementes de colza oleaginosa (*B. napus*), colza oleaginosa de nabo (*B. campestris*), mostarda (*B. juncea*) e mostarda etíope (*B. carinata*), todas espécies derivadas do género *Brassica* (Quadro 2) (Kirkby, 2005: Sheikh *et al.*, 2011).

Quadro 2: Nomes botânicos e comuns de tipos de sementes oleaginosas de espécies *de Brassica* (Kirkby, 2005: Sheikh *et al.*, 2011).

Botânica	Inglês
Brassica napus L. Ssp. *Oleifera Forma biennis*	Colza de inverno, colza oleaginosa, colza rutabaga, colza
Forma annua	Colza de verão, colza de primavera, colza oleaginosa, colza

Brassica campestris L. (= *Brassica rapa*)	Colza de nabo forrageiro
Ssp. *Oleifera Forma Biennis Forma annua*	Nabo silvestre, nabo forrageiro de verão, nabo forrageiro de primavera
Brassica juncea L.	Mostarda castanha, mostarda em folha, mostarda indiana, mostarda oriental, rai, raya
Brassica carinata	Mostarda da Etiópia

Na Europa e nos EUA, a forma invernal de *Brassicae napus* é predominantemente cultivada, enquanto no Canadá são utilizadas variedades primaveris de *Brassicae napus* e *Brassicae campestris* (Kirkby, 2005).

A relação genética das espécies de *Brassica* é descrita pelo Triângulo de U (Figura 1). Neste, as três espécies diplóides *de Brassica* são *B.rapa*, *B. nigra* e *B. oleracea* e a hibridação destas espécies produz três espécies alotetraplóides, ou seja, *B. juncea* e *B. carinata* (Ostergaard e Graham, 2008).

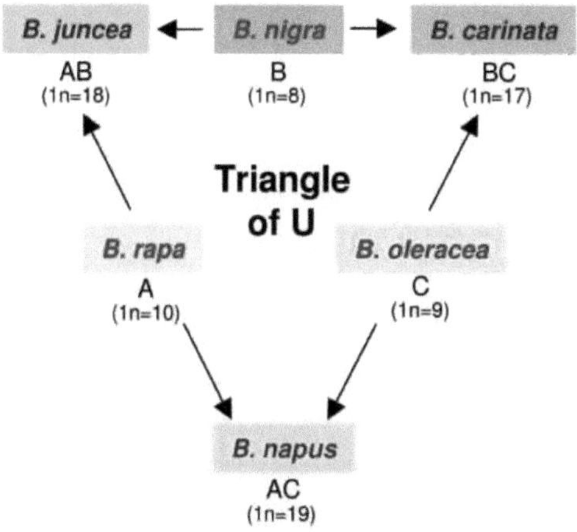

Fig 1 : O diagrama do "Triângulo de U", que mostra a relação genética entre as espécies de *Brassica*. A fonte vermelha indica espécies diplóides, a fonte azul indica espécies alotetraplóides (Ostergaard e Graham, 2008).

A.ii) Colza (*Brassica napus*)

Nos últimos 20 anos, a população mundial de colza aumentou rapidamente devido ao aumento da procura. Este aumento deve-se ao facto de a procura de colza ser maior devido ao seu teor de óleo de alta qualidade (40%) e às suas utilizações não alimentares (Orlovius, 2005: Abbadi e Leckband, 2011).

Atualmente, a China é o maior produtor de colza, com cerca de 10 milhões de toneladas por ano. O nível de produção da Índia é também muito elevado e representa 14% da produção mundial (quadro 3) (Orlovius, 2005). Na Europa, a colza representa 55% de todas as sementes oleaginosas cultivadas (Abbadi e Leckband, 2011). Entre os óleos vegetais, ocupa o terceiro lugar, depois da soja e da palma (Orlovius, 2005).

Quadro 3: Países mais importantes para a produção de colza (% da produção mundial) (FAO) (Orlovius, 2005).

China	25%
Canadá	20%
Índia	14%
França	10%
Alemanha	9%
Austrália	5%
Grã-Bretanha	4%
Polónia	2%
Outros	12%

Utilizações da colza

O óleo de colza é utilizado numa vasta gama de sectores, incluindo a alimentação humana, o combustível regenerativo, a matéria-prima para a indústria química e a alimentação animal (Orlovius, 2005).

Nutrição humana

De acordo com Orlovius (2005), na nutrição humana, os óleos vegetais são preferíveis às gorduras animais, devido ao menor teor de colesterol e ao elevado teor de ácidos gordos insaturados, como o ácido linoleico e o ácido linolénico. Embora a principal utilização do óleo de colza seja na culinária, pode ser utilizado como material para a produção de outros géneros alimentícios, como margarina, molhos para salada, maionese e alimentos para bebés (Orlovius, 2005).

Na última década, há uma grande procura geral de redução do consumo total de gordura, que deriva da ingestão de produtos ricos em ácidos saturados, como os produtos lácteos, as gorduras animais e as carnes. O óleo de colza pode ter um papel significativo nesta tentativa (Orlovius, 2005). Recentemente, os criadores têm-se concentrado no desenvolvimento de novas cultivares de colza, *ou seja,* LowSat, que contêm um teor relativamente baixo de ácidos gordos insaturados (Abbadi e Leckband, 2011).

Alimentação animal

A colza é uma cultura com elevado teor de energia e de proteínas brutas. Estes dois componentes são factores decisivos para a utilização da colza na alimentação animal. No entanto, não é utilizada como alimento para aves de capoeira, devido ao seu processamento dispendioso e à sua elevada proporção de ácidos gordos insaturados (Orlovius, 2005).

Em comparação com a soja, a colza contém níveis elevados de metionina e cistina, enquanto o teor de lisina é inferior. No entanto, a farinha de colza pode ainda substituir outros alimentos para animais, como os cereais e os subprodutos da moagem (Orlovius, 2005).

Utilizações industriais

Ultimamente, o interesse do sector industrial tem sido atraído pelo óleo de colza. Este interesse tem sido expresso em duas direcções principais. Em primeiro lugar, o óleo de colza pode ser utilizado como fonte de bioenergia e, em segundo lugar, para fins técnicos devido ao seu comportamento ecológico e composição química (Quadro 4) (Orlovius, 2005).

Quadro 4: óleo de colza para fins industriais (orlovius, 2005).

Utilização predominante em zonas sensíveis do ponto de vista ambiental	**Matéria-prima para a produção de vários produtos químicos**
Combustível "Bio-diesel" Óleos hidráulicos Gorduras e óleos lubrificantes Óleos para motores Operações de perfuração offshore Óleos de motosserra Óleos para perfuração de metais Óleos para pontos de caminho de ferro Óleos para moldes	Glicerina Ácidos gordos (Bio-) Etanol Aminas Ésteres Sabões Tintas Vernizes Lacas Agentes amaciadores

A utilização industrial está também a contribuir grandemente para o crescente interesse na cultura da colza. O biodiesel é um elemento promissor no futuro mercado da energia e o desenvolvimento de cultivares mais eficientes será cada vez mais necessário (Abbadi e Leckband, 2011).

A.iii) Couves (*Brassica oleracea*)

A Brassica oleracea inclui vários vegetais, como brócolos, couves-de-bruxelas, repolho, couve-chinesa e couve-flor (Stoewsand, 1995). Os benefícios para a saúde dos vegetais *de Brassica* estão relacionados com os seus metabolitos e outros compostos, que são responsáveis pelas suas capacidades de prevenção do cancro (Quadro 4) (Bjorkman *et al.*, 2011).

table 4: Metabolitos vegetais *de Brassica* e outros compostos para a saúde humana (Bjorkman *et al.*, 2011).

Glucosinolatos
Carotenóides
Tocofenóis
Lignanos
Flavonóides

A couve (*Brassica oleracea* var. *capitata*) é considerada um dos membros mais importantes das *Brassicaceae* e uma das principais culturas hortícolas a nível mundial. Os principais países produtores de couve são a China, a Rússia, o Japão, a Índia e os EUA (Perez *et al.*, 1995).

A importância da couve assenta no seu valor nutricional. A folha de couve, para além dos metabolitos relacionados com a saúde, é também rica em vitamina C (Perez *et al.,* 1995). Além disso, são também conhecidas as capacidades preventivas do cancro da couve (Beecher, 1994) e o seu baixo teor de gordura (Dixon, 2007).

Na maioria das zonas, a couve é cultivada como uma cultura anual e é considerada, devido à sua adaptação a uma variedade de condições, como a "cultura de couve" mais fácil de cultivar, em comparação com outras, *ou seja*, (brócolos, couve-flor e couves-de-bruxelas) (Perez *et al.*, 1995).

A couve é geralmente classificada em couve branca, couve roxa e couve lombarda e, por vezes, é confundida com outra espécie de *Brassica*, a couve chinesa (*Brassica pekinensis*). Consoante a variedade, as couves-repolho formam cabeças redondas, ovais ou planas, com diferentes tamanhos e pesos. Por outro lado, as cabeças das couves-chinesas são ovais, planas e mais leves (Figura 2) (Perez *et al.*, 1995).

Fig 2: A) Couve branca à esquerda (http://wakemedvoices.org/2011/05/nc-seasonal-sensation-%E2%80%93-broccoli- cabbage-recipes/, B) Couve chinesa à direita (., http://www.openhandsfarm.com/chinesecabbage.php).

As variedades de couve estão disponíveis em dois tipos: híbridas e de polinização aberta. Por conseguinte, as variedades híbridas são mais caras, mas continuam a ser preferidas pelos agricultores, uma vez que tendem a ter um rendimento mais elevado, um maior vigor das plântulas, uma melhor cor e um prazo de validade mais longo. Além disso, a fase de maturação é mais precoce e mais uniforme (Perez *et al.*, 1995).

A.iv) *Alternaria brassicae*

A. brassicae, que causa o míldio de Alternaria, é um dos vários agentes patogénicos, ou seja, *Alternaria brassicicola*, *Sclerotinia sclerotiorum*, *Mycosphaerella brassicicola*, *Peronospora parasitica*, *Leptospaeria maculans*, *Erysiphe cruciferarum*, que desafiam fortemente as culturas de *brássicas* (Dixon, 2007).

Taxonomia

De acordo com Meena *et al.* (2010), não existe um consenso claro sobre a taxonomia das espécies de Alternaria. Atualmente, a taxonomia da Alternaria baseia-se principalmente na forma dos conídios formados pelo agente patogénico. Isto inclui caraterísticas típicas dos conídios, como o comprimento, a largura e a septação, que servem para a discriminação das espécies de Alternaria em três categorias principais: i) cadeias longas (Longicatenatae), ii) cadeias curtas (Brevicatenatae) e iii) isolados (Noncatenatae).

Thomma (2003) descreveu a taxonomia de Alternaria brassicae como indicado no Quadro 4.

Quadro 4: Taxonomia de *Alternaria brassiace* (Thomma 2003).

Classificação de Alternaria brassicae

Reino:	**Fungos**
Sub-reino:	**Eumycotera**

Filo:	Fungos imperfeitos
Classe:	Hypomycetes Moniliales
Encomendar:	Dematiáceas
Família:	Alternaria
Género:	*Alternaria brassicae*
Espécies:	

Morfologia

As principais caraterísticas morfológicas de *A.brassicae* estão resumidas no quadro 5.

table 5: Caraterísticas morfológicas de *A. brassicae* (Meena *et al.* 2010).

Estruturas fúngicas	*Alternaria brassicae*
Micélio	Septado, cinzento acastanhado
Conidióforo	Escuros, septados, surgem em fascículos, 14-74μ x 4-8μ
Coinidia	Preto acastanhado , oblato, muriforme, produzidos isoladamente ou em cadeia ou 2-3
Corpo do esporo (μ)	96-114 x 17-24
Comprimento do bico dos esporos (μ)	45-65
Esporo	
Septação transversal	10-11
Septação longitudinal	0-6
Taxa de crescimento e esporulação nos meios	Crescimento lento rudimentar
Infeção	Penetra na folha apenas através dos estomas

De acordo com Meena *et al.* (2012), a cor do micélio *de A. brassicae* varia consoante o isolado. Os isolados *de A. brassicae* podem ser separados em quatro grupos diferentes, dependendo do tipo de cólon. Os isolados pertencentes ao primeiro grupo 1 produzem colónias brancas a cinzentas pálidas ou alaranjadas, com textura de algodão, enquanto os isolados do grupo 2 produzem colónias cinzentas-azeitona escuras a cinzentas-ferro com margem ondulada. No grupo 3, pertencem os isolados que produzem colónias verde-azeitona a cinzento-azeitona rodeadas por uma margem branca fina com textura lanosa e, por último, no grupo 4, incluem-se os isolados que produzem colónias verde-alface a verde-azeitona com margem branca e textura lanosa (Meena *et al.*, 2012).

As taxas de esporulação de *A. brassicae* também variam em diferentes meios de ágar. Meena *et al.* (2012) examinaram as taxas de esporulação de isolados *de A. brassicae* em diferentes meios. Os meios de Asthana e Howker registaram uma boa taxa de esporulação para todos os isolados. No entanto, o meio de Brown não apresentou esporulação. Os autores também mencionaram que a fraca esporulação em diferentes ágares indica que o agente patogénico necessita de determinadas fontes orgânicas de nutrição para um melhor crescimento e esporulação. No caso do ágar sumo de V8 (Figura 3), Reis e Boitex (2010) referiram que *A. brassicae* apresentou uma esporulação mais profusa em ágar sumo de V8 a 5% em comparação com ágar sumo de V8 a 10%.

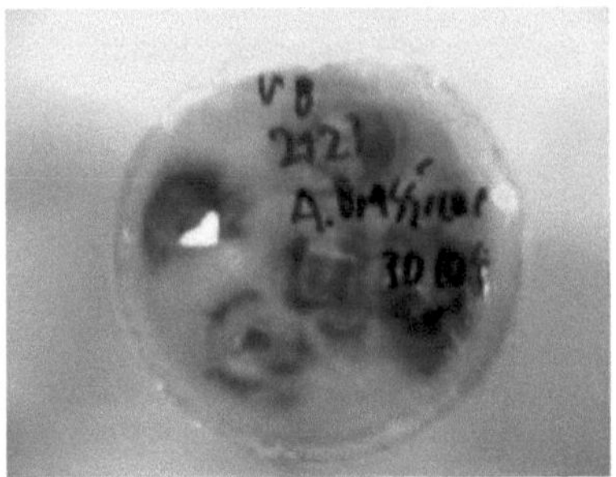

Fig 3: Esporulação de *Alternaria brassicae* em meio V8.

As semelhanças entre os conídios de espécies de *Alternaria* de espécies diferentes podem muitas vezes levar à confusão sobre qual é exatamente o agente patogénico que causa a doença nas plantas hospedeiras (Meena *et al.*, 2010). Esta situação é ainda mais difícil se se tiver em conta que as espécies de *Alternaria* têm uma vasta gama de plantas hospedeiras que atacam. Especificamente para *Alternaria brassicae*, o erro de identificação mais comum é feito com *Alternaria brassicicola*. De acordo com Meena *et al.* (2010), existem duas formas de distinguir os agentes patogénicos. A primeira é comparando a forma e o tamanho dos conídios das duas espécies. Os conídios *de A. brassicicola* parecem mais curtos e mais grossos do que os de *A. brassicae* (Figura 4). A segunda forma é através da observação dos sintomas. Enquanto as manchas de *Alternaria brassicicola* têm cor preta, as de *Alternaria brassicae* têm cor cinzenta. No entanto, esta separação é difícil de efetuar nas primeiras fases da doença, quando as manchas são ainda pequenas (Meena *et al.* 2010).

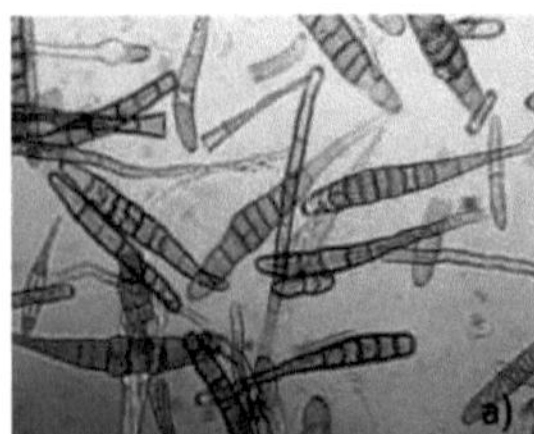

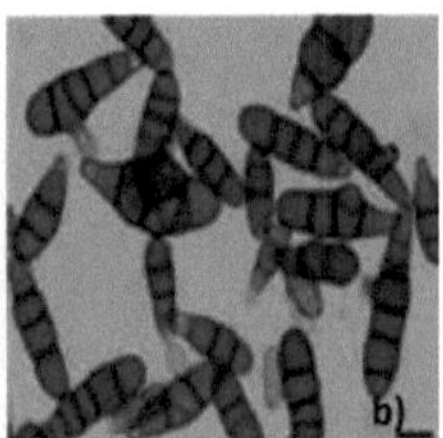

Fig 4: a) conídios de *A.brassicae* (HTTP://WWW.PLANTWISE.ORG/DEFAULT.ASPX?SITE=234&PAGE=4279&DSID=4482) e b) conídios de *A. brassisicola* (http://www.padil.gov.au/thai-bio/Pest/Main/140396/30061).

Gama de anfitriões

A Alternaria brassiace tem uma vasta gama de hospedeiros e ataca espécies cultivadas *de Brassica*, bem como espécies infestantes.

Normalmente, a doença é registada como Alternaria blight. No entanto, quando a cultura infetada é uma das outras espécies de *Brassicaceae*, por vezes dá-se-lhe o nome de mancha negra. O míldio de Alternaria é uma das doenças mais importantes das plantas pertencentes à família das *Brassicaceae* (género: Brassica). A sua gama de hospedeiros inclui a colza (*B.napus* L. Ssp. Oleifera), a couve (*B.oleracea* L. var. capitata L.), os brócolos (*B.olearacea* L. var. italic Plenck), a couve-flor (*B. oleracea* L. var. botryris L.), couve-de-bruxelas (*B.oleracea* L. var. gemifera DC.) e couve-rábano (*B.oleracea* L. var. acephala DC) (Reis e Boiteux, 2010). Para além destas espécies, ataca também a mostarda da Índia (Guillemette *et al.* 2003) e o nabo silvestre de verão (Bansal *et al.*, 1990).

Outras plantas hospedeiras de *A.brassicae* são espécies de jardim, como a rúcula (*Eruca sativa* L.), e o rabanete (*Raphanus sativus* L.) (Reis e Boiteux, 2010). Os mesmos autores referem que algumas infestantes, *como* a mostarda silvestre (*Sinapis arvensis* L.), o nabo silvestre (*Rapistrum rugosum*), o rabanete silvestre (*Raphanus raphanistrum* L.) e *a Arbidopsis thaliana*, podem ser hospedeiras de *A. brassicae* e atuar como reservatórios de inóculo.

Perdas de distribuição e de rendimento

O míldio de Alternaria foi registado na maioria das regiões de cultivo de espécies de *Brassica.* A gravidade da doença nas espécies, no entanto, varia consoante as regiões, as estações e as variedades (Chattopaddhyay *et al.*, 2005).

Sob forte incidência da doença*, a Alternaria brassicae* foi capaz de reduzir o rendimento das culturas de *Brassica* em muitas regiões do mundo. Especificamente, em França e na Índia, o míldio de Alternaria é considerado a doença mais grave da colza (Hong e Fitt, 1996).

No oeste do Canadá, as perdas de rendimento da colza chegaram a atingir 30%. Nesta região, *A. brassicae* é considerado como um dos agentes patogénicos economicamente mais importantes (Conn *et al.*, 1990). Bains e Tewari (1986) também mencionaram perdas de rendimento em colza e mostarda até 63 e 42%, respetivamente. Além disso, Guillemette *et al.* (2003) referiram que, na colza, a praga de Alternaria afecta a qualidade das sementes, uma vez que reduz a qualidade e o teor de óleo.

A incidência de doenças na couve-flor e no repolho também foi comunicada em muitos países de todo o mundo (Itália, EUA, Reino Unido, Irão, Canadá) (Meena *et al.* 2010). No caso da couve, foi registada como a doença mais prejudicial na Europa, com perdas de cultivares comerciais até 70% (Syrviliene e Dambrauskiene, 2006), enquanto nas regiões asiáticas foram registadas perdas de rendimento de sementes de couve até 59% (Sakhawat e Hosain, 2010).

Nas culturas hortícolas, o míldio de Alternaria é também responsável por uma grave diminuição da quantidade de nutrientes. Além disso, o curto período de armazenamento e a suscetibilidade à podridão estão também associados *à A. brassicae* (Bansal *et al.*, 1990).

Na Índia, *A. brassicae* foi responsável por perdas de rendimento de até 47% em campos de mostarda (Meena *et al.* 2011).

Ultimamente, isolados *de A. brassicae* também têm sido encontrados numa ampla gama de áreas na América Latina (Reis e Boiteux, 2010). Particularmente, no Brasil, autores relataram alta frequência de *A. brassicae* em repolho, mostarda e nabo.

Sintomas

A Alternaria brassicae pode atacar todas as partes das plantas que se encontram acima da terra (Laemmlen, 2001). Os sintomas típicos visíveis da doença são descritos como lesões cloróticas ou necróticas nos cotilédones, folhas, pecíolos, caules, inflorescências, síliquas e sementes (Srivastava *et al*, 2011). Em *Brassica napus*, o agente patogénico é responsável pela infeção das partes aéreas, pela redução da área fotossintética, pela desfoliação e pela aceleração da senescência (Figura 5) (Bains e Tewarit, 1987).

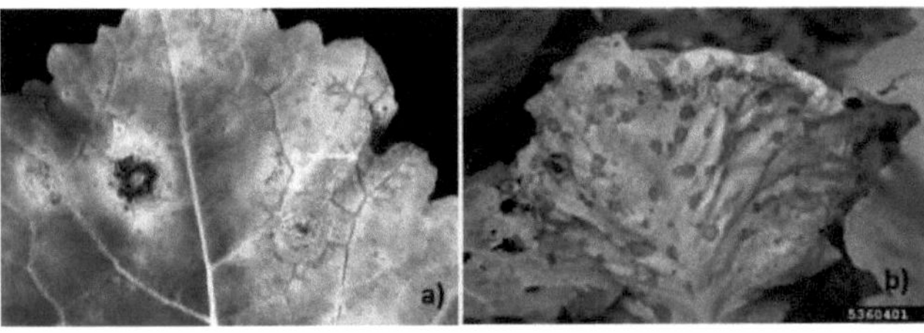

Fig. 5: Sintomas em a) *B. napus* e b) *B. oleracea*
(http://www.plantwise.org/default.aspx?site=234&page=4279&dsID=31468", http://www.growingproduce.com/article/24900/pest-of-the-month-alternaria-leaf-spot-of-cabbage).

Meena *et al.* (2010) menciona que os sintomas são vistos como manchas, geralmente nas folhas, caules e síliquas. Estas manchas são geralmente pequenas, circulares e escuras (Figura 6). No caso das plântulas, o agente patogénico é responsável pelo desenvolvimento de lesões escuras nos caules, logo após a germinação, o que acaba por provocar o amortecimento ou o atrofiamento das plântulas. As manchas produzidas são cinzentas e este é o principal sintoma de diagnóstico que distingue *a Alternaria brassicae* da *Alternaria brassicicola*, uma vez que na *Alternaria brassicicola* a cor das manchas é preta. Em vez disso, Kohl *et al.* (2010) referiram que o padrão da doença é o mesmo para ambos os agentes patogénicos.

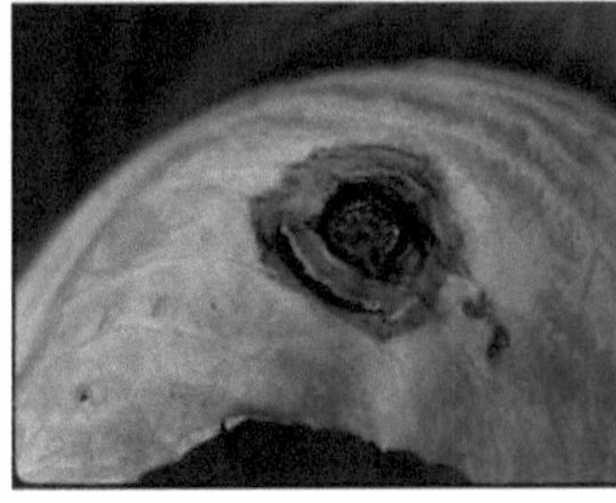

Fig. 6: Mancha circular e escura. Sintoma típico de *Alternaria brassicae* (http://www.arabegyfriends.com/vb/t39538.html).

O primeiro sintoma visível observado nas folhas são pontos negros, que ocorrem principalmente nas folhas inferiores. Mais tarde, estes pontos transformam-se em manchas claras, redondas e concêntricas de diferentes formas (Meena *et al.* 2010). Reis e Boitex (2010) caracterizaram estas manchas foliares como círculos arredondados e bem definidos, com uma cor castanha escura e rodeados por um halo clorótico

(Figura 7). Se a doença se desenvolver sem qualquer obstáculo, a planta hospedeira sofre uma desfoliação das folhas inferiores e, simultaneamente, desenvolve manchas de pequenas dimensões nas folhas médias ou superiores. Entretanto, começam a aparecer manchas no caule e nas síliquas. Se a propagação da doença continuar, as manchas transformam-se em lesões de crescimento finas, pretas e difusas e, finalmente, levam ao escurecimento completo e ao enfraquecimento das síliquas (5 Meena *et al.* 2010).

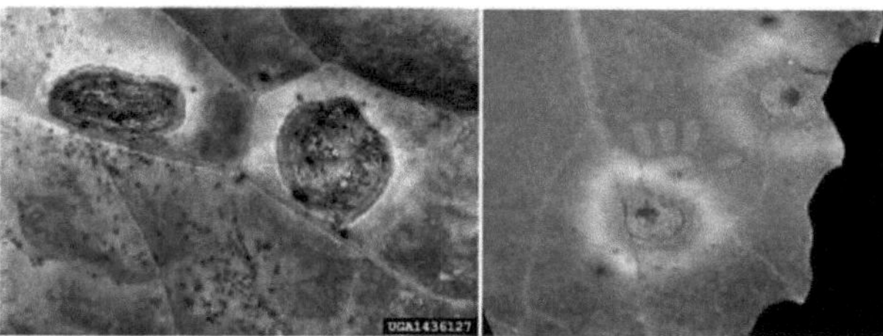

Fig 7: Manchas, causadas por *A. brassicae*, rodeadas por uma auréola clorótica (http://www.forestryimages.org/browse/detail.cfm?imgnum=1436127, http://www.corbisimages.com/stock-photo/rights- managed/42-27843273/leaf-and-pod-spot-alternaria-brassicae-lesions).

De acordo com Laemmlen (2001), os tecidos velhos, fracos e stressados são mais susceptíveis do que os tecidos saudáveis. No caso de infeção de plantas mais velhas, é mais provável que os sintomas apareçam nas folhas próximas do solo. Isto deve-se ao facto de os salpicos da chuva e o vento ajudarem o agente patogénico a espalhar-se por todas as folhas da planta. Normalmente, a infeção de plantas mais velhas não afecta significativamente os rendimentos e pode ser facilmente evitada através da remoção das plantas infectadas. *O A.brassicae* é um fungo transmitido pelas sementes e quando o patogéneo é transmitido das sementes para a planta, causa frequentemente amortecimento, lesões no caule ou podridão do colo (Laemmlen, 2001).

Ciclo da doença

A. brassicae é uma doença policíclica necrotrófica causada por um fungo transmitido por sementes, sendo os esporos a principal fonte de inóculo (Meena *et al.*, 2010). Meena *et al.* (2010) também mencionaram que o agente patogénico é muito afetado pelas condições meteorológicas. A maior incidência ocorre durante as estações húmidas e especialmente em locais com uma ocorrência relativamente elevada de precipitação e, subsequentemente, de humidade.

O ciclo da doença de *A. brassicae* (figura 7) é descrito da seguinte forma: O agente patogénico sobrevive sob a forma de micélio ou de esporos nas sementes ou nos restos de cultura das plantas infectadas. Os esporos aí produzidos são dispersos pela chuva, pelo vento e pelos insectos para as plantas hospedeiras e permanecem não germinados até que se verifiquem condições favoráveis. Quando estas condições se verificam, o agente patogénico penetra nos tecidos das plantas e provoca manchas e lesões. As lesões e manchas podem produzir esporos transportados pelo vento e pela chuva que podem infetar outras partes saudáveis da mesma planta, ou seja, folhas, vagens, sementes, bem como plantas vizinhas susceptíveis (Thomma, 2003; http://www.2020seedlabs.ca/what-causes- alternaria-black-spot-canola).

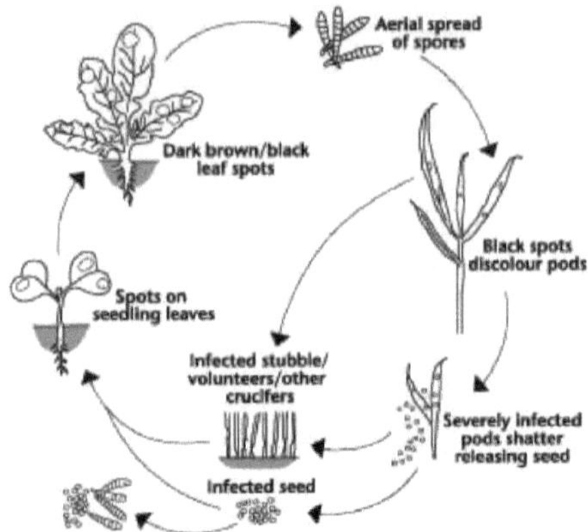

Fig. 7: Ciclo da doença de *Alternaria brassicae* (http://www.2020seedlabs.ca/what-causes-alternaria-black-spot-canola).

Epidemiologia

Quando as condições são favoráveis, o fungo é capaz de crescer e esporular em detritos de plantas. Isto é possível especialmente em condições húmidas, *ou* seja, durante períodos de chuva forte e orvalho extenso quando a temperatura é de 23-25° C (Chattopadhyay *et al.* 2005). Os inóculos primários são dispersos pelo vento e pela chuva nos tecidos das plantas hospedeiras (Thomma, 2003)

Em condições favoráveis, os conídios de *A. brassicae* germinam nos tecidos do hospedeiro. Quando o crescimento do fungo foi testado *in vitro,* a temperatura óptima para a germinação dos conídios foi de 28 -32° C (Radu *et al.* 2010). Nestas condições, aproximadamente 83 % dos conídios germinaram (Radu *et al.* 2010). Quase os mesmos resultados foram encontrados anteriormente por Chattopadhyay *et al.* (2005), que mencionaram que a temperatura óptima para a germinação de conídios era de 25° C. Também desenvolveram a sua investigação em condições de campo, onde os seus resultados coincidiram com os obtidos em condições de laboratório (temperatura máxima diária: 18-25° C, temperatura mínima diária: 8-12° C).

A incubação é definida como o período entre a inoculação da planta e o aparecimento do primeiro sintoma (Hong e Fitt, 1996). Hong e Fitt (1996) examinaram o efeito de diferentes condições no tempo de incubação. Verificaram que a temperatura é o principal fator que regula o período de incubação. A 20° C, o período de incubação foi significativamente mais curto do que a 6° C. Para além da temperatura, a humidade prolongada é um fator crítico para a incubação. Os mesmos autores referiram que o período de incubação diminuía significativamente em condições húmidas em comparação com condições secas.

Radu *et al.* (2010) referiram que a temperatura é o fator mais importante que afecta a colonização. Como mencionaram, em condições controladas, a temperatura mínima foi de 2° C. Até 8° C, a taxa de crescimento foi a mesma. Entre 8 e 16° C, o aspeto do micélio é muito melhorado, tendo forma compacta e cor cinzenta. A humidade relativa afecta, *in vitro*, o desenvolvimento das colónias. Foi demonstrado que uma humidade relativa superior a 76 % leva à criação de colónias boas, espessas e cheias de vegetação. O crescimento micelial mais elevado, *in vitro*, foi registado a 25° C e 100% de humidade relativa, com uma redução gradual a 60 e

50% (Meena *et al.*, 2012).

A formação de lesões é afetada pelo período de humidade. Sob humidade prolongada, as lesões eram mais longas, em comparação com as desenvolvidas em condições secas (Hong e Fitt, 1996).

A temperatura mais favorável, relatada por Radu *et al.* (2010), para a esporulação em plantas hospedeiras, varia de 28 a 36° C. Acima desta temperatura, os conídios produzidos parecem mais fracos. Considera-se que a temperatura mais elevada para a esporulação é de 42° C. Além disso, uma humidade relativa superior a 76% foi eficaz para uma esporulação abundante (Radu *et al.*, 2010). No entanto, a 50% de humidade relativa, a esporulação é completamente inibida (Meena *et al.*, 2012).

Controlo da doença

Química

Atualmente, uma das formas mais eficazes de controlar *A. brassicae* é a aplicação de fungicidas (Meena et al., 2011).

Sakhawat e Hosain (2010) investigaram, em campos de produção de sementes de couve-flor, a eficácia de 0,2% de Rovral WP (Iprodion) contra *A. brassicae.* Nas parcelas tratadas, a gravidade da doença foi reduzida em 48% em comparação com o controlo. Além disso, a azoxistrobina e o propineb reduziram o míldio de Alternaria em campos de couve chinesa. (Robak, 1998).

Outro estudo *in planta* também demonstrou a eficácia do Ridomil MZ (Mancozeb, 64% + Metalaxyl, 8% WP) (fungicida sistémico) contra *A. brassicae* na mostarda, uma vez que reduziu a gravidade da doença até 32%, seguido da eficácia da combinação de Bavistin+Capytan (26%) (Khan *et al.*, 2007).

A eficácia dos pesticidas químicos também foi testada *in vitro*. Quatro pesticidas, *ou seja,* Amistar 250 SC (azoxistrobina), Signum 334 WG (boscálico, piraclostrobina), Zateo WG (trifloxistrobina) e Folicur 250 WG (tebuconazol) foram testados contra o crescimento micelial de *A. brassicae* e outras espécies de *Alternaria* (Surviliene e Dambrauskiene, 2006). Os fungicidas foram testados em PDA. Em geral, todos os fungicidas restringiram significativamente o desenvolvimento micelial, uma vez que inibiram o crescimento fúngico em 25 a 94%. Entre eles, a piraclostrobina e o tebuconazol tiveram o efeito mais forte no crescimento do cólon.

Biológico

Devido à crescente preocupação com a poluição ambiental, devido à utilização de pesticidas químicos, os investigadores concentraram-se recentemente no controlo das doenças com meios biológicos, como produtos naturais e agentes de biocontrolo microbianos. Além disso, esta necessidade de investigação é cada vez mais necessária devido ao desenvolvimento de resistência dos agentes patogénicos aos pesticidas (Meena *et al.* 2011). São desenvolvidas novas estirpes de fungos, o que resulta no aumento da utilização de pesticidas (Baka, 2010). Para o míldio de Alternaria, foram efectuados vários estudos.

Produtos naturais

O potencial do extrato de alho e do extrato de *Eucalyptus globulus* para o controlo da praga de Alternaria na mostarda indiana foi examinado por Nagar (2011). O extrato de alho conseguiu controlar aproximadamente 21% da doença em comparação com o controlo. No entanto, a atividade antifúngica do *Eucalyptus globulus* foi superior, uma vez que a gravidade da doença nas folhas e nas vagens foi reduzida em 25% e 44%, respetivamente.

A atividade antifúngica dos extractos *de Eucalyptus globulus* e de alho, contra a praga de Alternaria na mostarda, também foi demonstrada por Chandra *et* al. (2009). Os extractos controlaram significativamente o índice da doença em comparação com o controlo. Os mesmos resultados foram também obtidos na colza. Entre os dois extractos, as plantas tratadas com *Eucapyptus globulus* apresentaram sintomas mais pequenos do que as tratadas com extrato de alho. Os autores concluíram que a pulverização de *Eucalyptus globulus* a 2% wt/vol poderia ser uma forma ecológica de controlar o míldio de Alternaria na colza e na mostarda.

Uma série de ensaios *in vitro* envolvendo extractos de plantas contra *Aternaria brassicae* foi realizada por Baka (2010), que examinou a atividade antifúngica de seis extractos de plantas medicinais, ou seja, *Amaranthus spinosus*, *Barbeya oleoides*, *Clutia lanceolata*, *Lavandula pubescens*, *Maerua oblongifolia*, *Withania somnifera*, contra a *A. brassicae*. Os extractos foram testados em três concentrações diferentes (2,5, 5 e 10%w/v). Embora todos os extractos tenham sido capazes de reduzir o crescimento micelial quando comparados com o controlo não tratado, os melhores resultados foram obtidos com *Lavandula pudescens* (68% de inibição). O mesmo extrato de planta também reduziu a taxa de germinação de esporos do agente patogénico em 72%. Como o autor mencionou, a diferença entre os seis extractos de plantas está provavelmente relacionada com a diferença no conteúdo e na composição dos compostos químicos.

Outros extractos de plantas que inibiram a germinação de esporos *de A. brassicae* foram os de *Canna indica*, *Convolvulus arvensis*, *Ipomoea plamata*, *Cenchrus catharticus*, *Mentha piperita*, *Prosopsis spicigera*, *Allium cepa*, *A. sativum*, *Lawsonia inermis*, *Argemone Mexicana*, *Datura stramonium* e *Clerodendron inerme*. De acordo com os autores, os extractos registaram uma inibição completa da germinação de esporos (Sheikh e Agnihotri, 1972).

Recentemente, para além dos extractos de plantas, foi estudada a atividade antifúngica dos alcalóides naturais. Singh *et al.* (2010) testaram esta atividade dos alcalóides produzidos por *Argemone ochroleuca* contra *Alternaria brassicae*. Em condições laboratoriais, os alcalóides foram capazes de inibir a germinação de esporos do agente patogénico a uma concentração de 1000 ppm. No entanto, o facto de os compostos não terem sido testados no terreno faz com que os investigadores hesitem em tirar conclusões seguras sobre os alcalóides.

Tendo em conta estes estudos, a utilização de extractos de plantas para controlar o míldio de Alternaria está a ganhar muita atenção ultimamente, uma vez que a maioria destes produtos não tem efeitos secundários adversos nas plantas hospedeiras e são relativamente mais baratos do que os fungicidas convencionais (Neerai e Verma, 2010)

Agentes microbianos de biocontrolo (MBCAs)

Os ABCM poderiam também ser outra forma promissora de controlo do míldio da Alternaria.

A atividade antifúngica do fungo endofítico *Heteroconium chaetospira* contra *A. brassicae* foi revelada por Hashiba e Narisawa (2005). O endófito foi capaz de induzir resistência na couve quando as sementes foram pré-inoculadas com uma mistura contendo o fungo. As plantas tratadas com *H. chaetspira* não apresentaram quaisquer sintomas de doença após a inoculação com *A. brassicae*, mesmo 32 dias após a sementeira. A razão pela qual os cientistas pensaram que o fungo poderia funcionar como bioagente baseia-se na forma como actua nas raízes da planta inoculada. Assim, o fungo penetra no tecido cortical da couve e coloniza, sem causar quaisquer sintomas patogénicos. A atividade antifúngica de *H. chaetospsira* contra *A. brassicae* também foi demonstrada na couve chinesa (Morita *et. al.*, 2003). Neste caso, a sua suspensão foi aplicada às raízes de couve chinesa. Quando as folhas foram inoculadas com *A. brassicae*, a severidade da doença nas plantas tratadas com endofíticos foi reduzida até 52%. Embora os autores tenham concluído que se trata de um sinal de resistência sistémica induzida, têm de ser realizadas experiências em condições reais de campo para melhorar a credibilidade dos resultados.

Trichoderma viride e *Pseudomonas fluorescens* são também dois outros agentes de biocontrolo que foram testados com êxito contra o míldio de Alternaria em colza e mostarda. Ambas as bactérias reduziram significativamente o índice da doença nas folhas de colza e de mostarda em comparação com o controlo (Chandra *et al.*, 2009).

A gestão de *Alternaria brassicae* em *B. juncea* também é possível com a pré-inoculação das folhas com isolados avirulentos do agente patogénico (Vishwanath *et al.*, 1999). No seu estudo, os investigadores examinaram o efeito do isolado AbD de *A. brassicae* avirulento contra os isolados virulentos AbA e AbC. A gravidade da doença em folhas pré-inoculadas com o isolado avirulento foi significativamente reduzida em comparação com as folhas que não foram pré-inoculadas.

A gestão do míldio de Alternaria também é possível com a combinação de extrato de plantas e MBCAs. De acordo com Nagar (2010), o extrato de bolbo de alho combinado com *Trichoderma harzianum* foi capaz de reduzir a gravidade da doença nas folhas da mostarda indiana em comparação com o controlo não tratado. Os mesmos resultados também foram observados nas vagens. No entanto, quando *o Trichoderma harzianum* foi combinado com um pesticida químico, os resultados foram ainda melhores. Quando *o T. harzianum* foi aplicado nas sementes, seguido de controlo químico como pulverização foliar, a gravidade da doença nas folhas e nas vagens foi muito mais reduzida em comparação com a combinação de extrato de bolbo de alho e *Trichoderma harzianum*. Como resultado, Nagar (2010) concluiu que, por vezes, em caso de incidência grave da doença, a utilização de controlo químico é inevitável.

O controlo de *A. brassicae* através de extractos de plantas e bioagentes é uma solução promissora, mas ainda há muito esforço a fazer em ensaios *in planta*, até se chegar a conclusões seguras. No entanto, a preocupação pública com a poluição ambiental pode ser uma razão séria para a integração de extractos de plantas na gestão de pragas (Meena *et al.* 2011).

Práticas culturais

De acordo com Meena *et al.* (2010), as práticas culturais incluem todas as técnicas que os agricultores podem aplicar para evitar a existência da praga de Alternaria. O cultivo limpo, a utilização de sementes limpas, a remoção atempada das ervas daninhas, que podem ser fonte de inóculo, e o estabelecimento de uma população adequada de plantas podem ser os primeiros passos para que o agente patogénico se mantenha afastado do campo. A importância de sementes livres de agentes patogénicos foi também mencionada por Guillemette *et al.* (2003). Além disso, na fase de floração e formação das vagens, a irrigação reduzida pode ser benéfica para a redução da gravidade da doença. Além disso, a aplicação de K no solo reduziu as doenças causadas por Alternaria na mostarda, mas a literatura sobre outras culturas é relativamente escassa (Meena *et al.* 2010).

A rotação de culturas e a destruição de resíduos de culturas foram descritas, por Guilemette *et al.* (2003), como outras duas práticas para evitar a incidência de doenças. Especialmente no caso da rotação de culturas, se esta incluir espécies não crucíferas, pode limitar significativamente a infeção por doenças.

Previsão da doença

A previsão é uma tendência que está a tornar-se cada vez mais útil em Ciências Vegetais. Na fitopatologia, pode ser aplicada para a previsão do aparecimento da primeira doença, que é fundamental para a aplicação de fungicidas (mesmo para evitar a aplicação desnecessária), e varia consoante as regiões e as estações do ano. Além disso, pode fornecer informações importantes sobre o dia da sementeira e a sua correlação com factores que a podem atrasar ou acelerar (Chattopadhayay *et al.* 2005). De acordo com Chattopadhayay *et al.* (2005), esses factores podem ser: humidade disponível no solo, temperatura ambiente e disponibilidade de campo para a sementeira.

Os mesmos investigadores tentaram criar e avaliar modelos, baseados em equações matemáticas, e aplicá-los em diferentes locais e cultivares de colza (Chattopadhayay *et al.* 2005). O resumo dos modelos é apresentado no Quadro 6.

Localização	Cultivar	Idade da cultura (semana) da previsão	Modelo	R2	Teste de modelos (dias após a sementeira)			
					2002-03		2003-04	
					P	O	P	O
Bharatpur	"Varuna	3	Y1 = 56,51 + 0,01Zmaxtmp × morn r. h.	0.93	56	56	91	94
Bharatpur	"Rohini	3	Y1 = 25.59 + 0.02Zmintmp × aft r. h. + 0,05Zmorn r. h.	0.96	56	56	73	72
Mohanpur	"Varuna	4	Y1 = 0,36 + 0,00095Zmintmp × aft r. h. + 0,35 Zssh	0.98	35	38	56	57
Mohanpur	"Binoy	5	Y1 = 154,02 + 1,19Zmorn r. h. + 0,56Zssh	0.93	35	35	43	47
Berhampur	"Varuna	3	Y1 = 19.47 + 0.01Zmintmp × aft r. h.	0.96	63	63	65	65
Berhampur	"Binoy	4	Y1 = 28,6 + 0,0015Zmaxtmp × r. h. da popa	0.97	56	56	53	54
Pantnagar	"Varuna	4	Y1 = -1,14 + 0,1Zmintmp	0.99	35	38	45	44
Pantnagar	"Kranti	3	Y1 = -1,14 + 0,1Zmintmp	0.99	35	38	47	48
Dholi	"Varuna	6	Y1 = 36,93 + 0,0014Zmintmp × r. h. da popa	0.99	63	63	74	72
Dholi	Pusa Bold	5	Y1 = 32,6 + 0,002Zmintmp × r. h. da popa	0.98	63	63	71	72

Faizabad*	'Varuna'/ 8501'	'NDR-5	Y1 = 84,99 + 0,35Zaft r. h.	0.63	63	61	73	72
Nova Deli	"Varuna	5	Y1 = 4,45762 + 0,001629721Zmaxtmp × morn r. h.	0.97	84	86	59	57
Nova Deli	"BIO-902	4	Y1 = 5,45978 + 0,01378Zmaxtmp × ssh	0.90	96	97	56	57
Kangra	"Varuna	5	Y1 = 1,67 + 1,3Zaft r. h.	0.77	35	38	38	39
Kangra	"RCC-4	5	Y1 = 3,35 + 1,25Zaft r. h.	0.77	35	38	39	38

maxtmp: temperatura máxima diária; mintmp: temperatura mínima diária; aft: tarde; r. h.: humidade relativa; ssh: horas de sol; P: previsto; O: observado; *mesmo modelo para ambas as cvs.

Quadro 6: Modelos de previsão do estádio da cultura (Y1) aquando do primeiro aparecimento do míldio de Alternaria nas folhas de *Brassica* oleaginosa para diferentes locais, cultivares e respectivos ensaios (Chattopadhayay *et al.* 2005).

Todos os modelos incluem a temperatura como fator básico e a sua principal desvantagem é o facto de terem sido testados apenas num local (Índia). Como resultado, os investigadores concluíram que a realização das mesmas experiências em regiões com condições diferentes (por exemplo, Canadá, Austrália, Europa) deveria definitivamente melhorar a credibilidade e a precisão do modelo (Chattopadhayay *et al.*, 2005).

8) Interações entre *A. brassicae* e o hospedeiro

Quando um agente patogénico fúngico infecta uma planta hospedeira, ocorrem várias interações entre eles. Estas interações estão relacionadas com os mecanismos de defesa da planta contra o agente patogénico e com os mecanismos através dos quais o fungo reconhece e ataca as plantas hospedeiras (Heitefuss, 1997). Nesta secção, são apresentados os principais estudos relacionados com a interação entre *A. brassicae* e diferentes plantas hospedeiras.

8.1) Mecanismos de resistência das plantas hospedeiras a *A. brassicae*

A resistência das culturas aos agentes patogénicos divide-se em passiva e ativa. A resistência passiva inclui as propriedades físicas, como as barreiras de defesa, e químicas que impedem o estabelecimento do agente patogénico, enquanto a resistência ativa se refere às reacções de defesa das plantas induzidas pela infeção fúngica, como a reação hipersentiva e as fitoalexinas (Heitefuss, 1997).

Os estudos relativos a *A. brassicae* e às suas plantas hospedeiras são mencionados em seguida.

Barreiras de defesa

De acordo com Schlosser (1997), as barreiras de defesa podem referir-se às propriedades estruturais da planta hospedeira. A cera epicuticular é uma delas.

A cera epicuticular está situada fora da cutícula e desempenha um papel vital na resposta de defesa das espécies de *Brassica* contra diferentes agentes patogénicos, incluindo *A. brassicae* (Bansal *et al.*, 1990). Assim, estudaram seis espécies diferentes *de Brassica* quanto à sua reação contra *A. brassicae* em condições de estufa. Foi demonstrado que as espécies que continham uma quantidade significativa de camada de cera, ou seja, *Brassica carinata*, *B.oleracea*, eram mais resistentes à inoculação por *A. brassicae*, em comparação com as outras, ou seja, *B. nigra*, *B. juncea,* que não tinham uma certa quantidade de camada de cera. O maior nível de resistência foi associado a um menor diâmetro da lesão nas cultivares resistentes.

Fitoalexinas

As fitoalexinas são "compostos antimicrobianos de baixo peso molecular produzidos pelas plantas em resposta a infecções ou stress" (Barz, 1997). De acordo com Pedras *et al.* (1998), as fitoalexinas desempenham um papel importante na defesa química e bioquímica das plantas.

Algumas das fitoalexinas produzidas na família *Brassicaceae* são a brassinina, a camaxelina, a brassicanal A, a brassilexina e a ciclobrassina (Figura 8) (Pedras *et al.,* 1998).

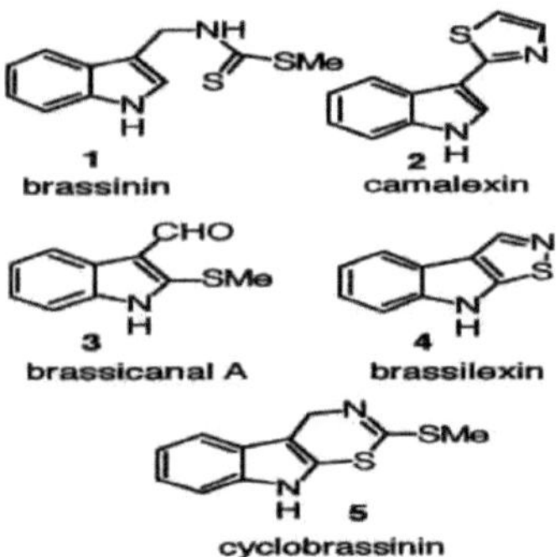

Fig. 8: Estruturas das fitoalexinas *de Brassicaceae*: 1, brassinina; 2,camalexina; 3, brassicanal A; 4, brassilexina; 5, ciclobrassinina (Pedras et al., 1998).

Como caraterística estrutural comum, todas estas fitoalexinas têm pelo menos um átomo de enxofre (Pedras *et al.,* 1998).

De acordo com Conn *et al.* (1998), até 1988 só havia um relatório sobre fitoalexinas isoladas de plantas *Brassicaceae*. Neste relatório, efectuado por Takasugi *et al.* (1986), verificou-se que a couve chinesa (*B.campestris*) produzia três fitoalexinas contendo enxofre, quando inoculada com *Pseudomonas cichorii*, em condições laboratoriais.

Conn *et al* (1988) estudaram a produção de fitoalexinas em quatro cultivares diferentes *de Brassica napus*, após inoculação com *A. brassicae*. Utilizando placas de TLC, verificaram que a fitoalexina produzida na planta era a ciclobrassinina, uma fitoalexina hoje bem conhecida das espécies de *Brassica* também contra outros agentes patogénicos, como *Phoma lingam* (Conn *et al.,* 1988).

Pedras *et al.* (1998) investigaram se a camalexina, uma das fitoalexinas produzidas por espécies de *Brassica*, era ou não metabolizada por culturas de *A. brassicae*, *in vitro*. Utilizando HPLC, concluíram que a camaxelina não era metabolizada por *A. brassicae* e seria, portanto, um fator importante de resistência. No mesmo estudo, Pedras *et al.* (1998) também estabeleceram um ensaio de germinação de esporos e crescimento micelial. Verificaram que a camaxelina (0,40 e 0,50 mM) inibia a germinação dos esporos (menos de 5% após 48h) em comparação com o controlo (80% após 48h).

Glucosinolatos

Os glucosinolatos são metabolitos secundários que estão relacionados com a resposta de defesa das plantas contra agentes patogénicos, insectos e nemátodos (Bjorkman *et al.*, 2011). Nas espécies de *Brassica*, a produção de glucosinolatos nas folhas tem sido associada, entre outros factores, ao tratamento de sementes com compostos específicos. Especificamente, de acordo com Kiddle *et al.*, (1994), o ácido salicílico foi capaz de aumentar a concentração de glucosinolatos nas folhas de *Brassica napus*, quando tratadas com sementes.

A infeção por agentes patogénicos, sem aplicação de qualquer composto, também pode ser responsável pelo aumento da concentração de glucosinolatos nas folhas das espécies de *Brassica*. De acordo com Doughty *et al.* (1998), o catabolismo dos glucosinolatos foi aumentado devido à infeção por *A. brassicae* em *Brassica rapa*.

Resposta hipersensível

Segundo Mishra *et al.* (2010), a resposta hipersensível é definida como "a morte rápida em associação com a restrição do crescimento do agente patogénico". É considerada como uma das respostas de defesa ativa mais proeminentes das plantas (Hartleb *et al.*, 1997). Mishra *et al.* (2010) examinaram a presença de uma resposta hipersensível em genótipos de *Brassica juncea* através da identificação de determinados genes marcadores (hsr *203J*). Verificaram que a inoculação por *A. brassicae* conduzia à expressão destes genes e, além disso, que estes genes podiam desempenhar um papel importante na resposta de defesa da planta. No entanto, concluíram que a investigação sobre a resposta hipersensível em espécies de *Brassica* é limitada e, além disso, outros genes devem também ser testados quanto à sua potencial relação com a resposta hipersensível.

B.ii) Resistência induzida

A resistência induzida é uma reação de defesa que é activada pelas plantas hospedeiras após tratamento com compostos naturais ou sintéticos ou inoculação com um organismo (Heitefuss *et al.*, 1997). Vishwanath *et al.* (1999) referiram que estas reacções estão relacionadas com a ativação de genes que codificam a produção de produtos que podem inibir o desenvolvimento de agentes patogénicos. Estes produtos incluem, entre outros, proteínas relacionadas com a patogénese (PR-proteínas), como a quitinase e a β-1,3-glucanase, hidroxil-rico-glicoproteínas e enzimas para a síntese de lenhina e fitoalexina. De acordo com Kamble e Bhargava (2007), a resistência induzida está a ser intensamente investigada, uma vez que o desenvolvimento de indutores é altamente necessário para o controlo de doenças. Os compostos que podem atuar como indutores de resistência incluem, entre outros: i) agentes patogénicos necrotizantes e ii) organismos não patogénicos, *ou seja,* rizobactérias iii) produtos químicos específicos (Kamble e Bhargava, 2007). Alguns exemplos de resistência induzida contra *A. brassicae* em espécies *de Brassica* são mencionados a seguir.

Kamble e Bahrgava (2007) examinaram se o aminoácido não proteico ácido β-aminobutírico (BABA) era capaz de induzir resistência na mostarda indiana (*Brassica juncea*) contra *A. brassicae.* O BABA é conhecido pela ativação de respostas de defesa nas plantas quando aplicado nas sementes. Kamble e Barhrgava (2007) tentaram verificar se a resistência induzida era activada, quantificando a quantidade de SA endógeno acumulado e estudando a expressão de dois genes, PR1 (induzido por SA) e PDF 1.2 (induzido por JA), após a aplicação de BABA. Verificaram que o pré-tratamento das sementes com BABA aumentou a expressão de genes relacionados com as vias SA e JA e, por conseguinte, o BABA poderia mediar a indução de resistência.

Recentemente, a investigação tem-se centrado na expressão de genes relacionados com as proteínas PR em espécies *de Brassica* contra *A. brassicae*. Entre eles, a quitinase e a β-1,3-glucanase são os que mais interessam à sociedade científica. Uma dessas tentativas foi feita por (Mondal *et al.*, 2006), que relataram a expressão de genes de glucanase em transgénicos de mostarda indiana após inoculação *por A. brassicae*.

O atraso demonstrado na investigação pode possivelmente estar relacionado com o facto de as espécies de *Brassica* sofrerem principalmente de outros agentes patogénicos. Além disso, a colza é uma tendência relativamente nova e o seu interesse científico aumentou na última década. (Mondal *et al.*,

2003).

B.iii) Mecanismos pelos quais *A. brassicae* ataca as plantas hospedeiras

O principal mecanismo utilizado pelos agentes patogénicos para atacar as plantas hospedeiras são as fitotoxinas e as enzimas de degradação celular, ou seja, cutinases, celulases, xilanases, pectinases e proteases (Hanh, 1997). Entre estes dois mecanismos, as fitotoxinas produzidas por *A. brassicae* têm sido objeto de maior investigação.

Fitotoxinas

A fitotoxina refere-se a "um composto produzido por fitopatógenos que é tóxico para as plantas e está envolvido no desenvolvimento da doença" (Hoppe, 1997). As fitotoxinas são classificadas em selectivas para o hospedeiro (específicas do hospedeiro) ou não selectivas (não específicas), de acordo com a sua suscetibilidade em diferentes plantas hospedeiras (Hoppe, 1997)

Bains e Tewari (1987) utilizaram HPLC para purificar e caraterizar uma toxina específica do hospedeiro produzida por *A.brassicae*. Afirmaram que o agente patogénico produz a toxina Destruxina B *in vitro*. Esta toxina também é produzida por *Metarhizium anisopliae* (um fungo patogénico para insectos). Além disso, após a caraterização da toxina, aplicaram-na a diferentes espécies *de Brassica*. Os sintomas foram observados principalmente como necrose, enquanto a clorose era pouco visível. Os seus resultados estão de acordo com o aspeto da praga de Alternaria na planta (manchas escuras na folha). Também se registaram diferenças na suscetibilidade das espécies testadas, uma vez que os sintomas eram mais claros nas espécies susceptíveis já conhecidas, por exemplo, *B. napus*. Este facto levou os autores a caraterizar a toxina como específica do hospedeiro.

Para além da Destruxina B, Pedras *et al.* (2000) isolaram a fitotoxina Homodestruxina B, tanto *in vitro* como em plantas *de Brassica* infectadas por *A.brassicae*. Concluíram que a Homodestruxina B) era capaz de provocar nas plantas os mesmos sintomas visíveis que a Destruxina B.

Uma nova fitotoxina foi isolada por Parada *et al.* (2007) a partir de culturas líquidas *de A.brassicae*. Esta fitotoxina foi purificada a partir de esporos germinados de *A.brassicae* e foi denominada toxina ABR. Quando a ABR-toxina foi aplicada nas folhas de espécies de *Brassica*, causou sintomas de encharcamento e clorose nas folhas. A toxina ABR foi classificada como selectiva para o hospedeiro.

As fitotoxinas Destruxina B, Homodestruxina B e ABR-toxina são três das fitotoxinas produzidas por A. brassicae contra espécies de Brassica. Todas elas foram classificadas como selectivas para o hospedeiro, uma vez que causam sintomas principalmente nas plantas mais susceptíveis (*B. napus*, *B. juncea* e *B. rapa*) em comparação com as menos susceptíveis (*S. alba*) (Pedras et al., 2000).

Até à data, os estudos têm-se centrado nas fitotoxinas produzidas por *A. brassicae* contra as plantas hospedeiras. No entanto, tal como referido por Pedras *et al.* (2000), não tem sido feita muita investigação sobre os mecanismos de desintoxicação da planta hospedeira contra as fitotoxinas do patogéneo. Os mesmos autores mencionaram que as plantas hospedeiras poderiam possivelmente codificar a destruxina B hidroxilase (enzima que desintoxica a destruxina B). O isolamento desta enzima tornaria a investigação sobre caraterísticas de resistência ainda mais alargada (Pedras *et. al.*, 2000).

C) *Chromolaena odorata*

C.i) Ecologia

A Chromolaena odorata é uma espécie de planta que pertence à família das *Compositae*. É mencionada como existindo na América tropical, de onde provavelmente se espalhou por todo o mundo tropical. O primeiro registo da *Chromolaena odorata* é de cerca de 1931, por Hutchinson e Danziel, que incluíram a planta no seu livro Flora of West Africa. A introdução da planta na Nigéria ocorreu na década de 1980 e os cidadãos nativos referem-se a ela como "erva daninha Awo" (Irobi, 1992). A invasão da espécie ocorreu possivelmente a partir de muitas fontes, mas todas elas são originárias da Ásia (Muniappan *et al.,* 2005). Os autores descrevem geralmente a planta como um arbusto perene escandente ou semi-lenhoso (Vital e Rivera, 2009), que forma arbustos densos emaranhados até 1,5-2 m de altura, atingindo ocasionalmente 6 m (Figura 9) (Koutika e Riney, 2010). Nas regiões próximas do equador, o seu crescimento é rápido e bem sucedido devido à precipitação média, que é de cerca de 2.000 mm por ano. A floração ocorre durante novembro-dezembro em áreas do hemisfério norte e durante junho-julho em locais do hemisfério sul. *C.odorata* existe em competição ou associação com outras espécies relacionadas no caso dos Neotrópicos. É altamente afetada pela plantação circundante, especialmente quando está sombreada por árvores florestais (Koutika e Riney, 2010).

Fig. 9: *Chromolaena odorata* (http://www.wildflower.org/plants/result.php?id_plant=CHOD).

C.ii) Distribuição

Embora seja originária dos climas tropicais, a sua ocorrência, hoje em dia, está espalhada por todo o mundo. Foi registada na maioria das regiões húmidas da África Ocidental e Central, África Austral, Ásia, Micronésia e alguns locais no norte de Queensland (Figura 10) (Muniappan *et al.* 2005). Isto deve-se, principalmente, a duas razões. Em primeiro lugar, devido à rápida invasão que aparece e, em segundo lugar, devido à sua capacidade de regeneração. O sistema radicular denso que *C.odorata* possui permite que a planta se estabeleça e se estabilize bem. Também tem uma taxa de produção de sementes relativamente alta (93.000-16.0000 sementes/planta) e a sua existência em diferentes sistemas agrícolas é o resultado da dispersão de sementes pelo vento (Koutika e Riney, 2010).

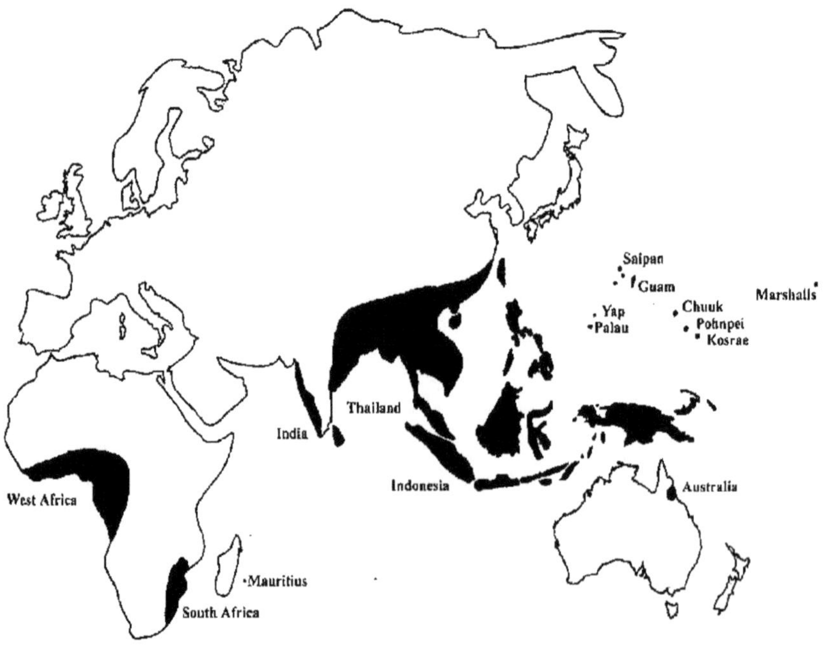

Fig. 10: Distribuição de *C. odorata* no mundo (7 Koutika e Riney, 2010).

Os arbustos *de C.odorata* foram observados na América, na Ásia e em África há muitas décadas, mas não na Austrália até 1985. Foi nessa altura que os cientistas australianos colocaram a seguinte questão: *A C.odorata* é uma erva daninha ou uma planta benéfica? O Quadro 6 apresenta uma visão geral daquilo em que os investigadores de todo o mundo acreditam (Koutika e Riney, 2010).

Quadro 6: *C. odorata* como planta infestante ou em pousio de acordo com diferentes investigações (KOUTIKA e riney, 2010).

Localidades	Como uma erva daninha	Como um pousio
Brasil	x	
Sul da Índia	x	
África do Sul	x	
Camarões	x	x
Nigéria	x	x
Austrália	x	
China	x	
Tailândia	x	
Nepal	x	

C.iii) Como infestante

Os investigadores que consideraram *a C. odorata* como uma planta infestante apoiam a sua teoria no facto de esta espécie ter um impacto negativo nas florestas em termos de economia, ecologia, saúde e ambiente. No que respeita às plantações de árvores, *a C.odorata* é capaz de suprimir árvores como o eucalipto e os pinheiros jovens (Koutika e Riney, 2010). De acordo com Muniappan *et al.* (2005), *C.odorata* é uma infestante grave para culturas como o coco, a palma, os citrinos, a teca e a borracha, mas não é considerada uma infestante para culturas anuais. Isto deve-se ao facto de estas culturas estarem frequentemente expostas a práticas culturais, que incluem a extinção de infestantes. Além disso, é considerada uma ameaça à redução da biodiversidade dos prados, savanas e outros tipos de florestas. O principal argumento é que pode ser prejudicial para a conservação e o ecoturismo destas florestas (Koutika e Riney, 2010).

A razão pela qual *a C. odorata* é considerada uma erva daninha é o facto de apresentar uma variedade de caraterísticas que estão relacionadas com as ervas daninhas. Em primeiro lugar, as sementes da planta germinam tão rapidamente que é impossível para outras plântulas competir com o seu já denso sistema radicular. Como resultado, é capaz de absorver os nutrientes disponíveis muito mais rapidamente do que as espécies circundantes e estabilizar-se rápida e suficientemente. Para além disso, forma uma copa densa, criando condições de elevada competição pela luz solar com as outras plantas. Em algumas plantações de árvores, foi registado que quase 70% da área total está coberta pela copa de *C. odorata* (Koutika e Riney, 2010). Para além disso, *a C.odorata* é considerada uma planta que, não só suprime a vegetação, como também obtém potencialidades alelopáticas. As suas propriedades alelopáticas e a consequente supressão da vegetação vizinha foram também registadas por Muniappan *et al.* (2005). Para além do seu impacto negativo na agricultura, *a C.odorata* pode ser venenosa para o gado, uma vez que contém níveis elevados de nitrato (5-6 vezes acima do nível tóxico) em partes específicas da planta, *ou* seja, folhas e rebentos jovens). Por conseguinte, pode causar anoxia se for utilizada como alimento para os bovinos (Rao *et al.* 2010).

Foram propostas várias formas de evitar que seja considerada uma erva daninha. Quimicamente, pode ser evitada através da utilização de vários herbicidas, tais como triclopir, glifosato, 2,4-D/ioxinil, 2,4-D amina e picloram/2 (Muniappan *et al.* 2005). Uma abordagem amiga do ambiente foi apresentada em 1991, quando os investigadores mencionaram que era viável controlar *a C. odorata* utilizando inimigos naturais. Esta abordagem pôde ser aplicada devido ao facto de a planta ter uma estrutura populacional geneticamente homogénea e, por conseguinte, poder ser imposta ao controlo biológico por inimigos. Além disso, os controlos mecânicos ou químicos são difíceis por determinadas razões. No caso do controlo mecânico, é necessário um trabalho intensivo e duradouro, ao passo que, no caso do controlo químico, o custo elevado e as preocupações ambientais são motivos de dissuasão (Koutika e Riney, 2010). Uma lista de possíveis inimigos naturais de *C.odorata* foi publicada por Muniappan *et al.* (2005) (Quadro 7).

Quadro 7: Situação dos inimigos naturais introduzidos para controlo biológico de *Chromolaena odorata*

(Q: Em quarentena, E: Estabelecido, NE: Não estabelecido, ?: Atualmente libertado (Muniappan *et al.*, 2005).

País	*Pareuchaetes pseudoinsulata*	*Cecidochares connexa*	*Actinote* spp	*Acalitus adoratus*
Indonésia	E	E	E	E
Filipinas	E	Q		E
China	-	-	Q	?
Taiwan	Q	Q		E
Malásia	E	-		E
Tailândia	NE	NE		E
Índia	E	Q		E
Sri Lanka	E	-		?
Gana	E	-		E
Costa do Marfim	NE	-		-
África do Sul	NE	NE		-

Como já foi referido, a previsão pode ser uma forma eficaz de controlar os problemas na agricultura. No âmbito desta abordagem, Kriticos *et al.* (2005) reviram um modelo que estima a distribuição potencial de *C. odorata*, em termos de climas adequados. Chegaram à conclusão de que certos climas, como o mediterrânico, o semi-árido e o temperado, são considerados inadequados, ao passo que outros, especialmente os tropicais, são mais susceptíveis de serem invadidos pela planta (Koutika e Riney, 2010).

C.iv) Em pousio

De acordo com Koutika e Riney (2010), a planta de pousio é considerada a planta que tem a capacidade de se estabelecer facilmente, apresenta grande biomassa e decomposição rápida, além de contribuir para a supressão de ervas daninhas. Em relação a esta afirmação, *a C. odorata* tem sido testemunhada como um fator causal de menor infestação de ervas daninhas em comparação com outros arbustos naturais na Nigéria (Koutika e Riney, 2010). Além disso, não se registou qualquer correlação entre a fertilidade do solo e a existência da planta. Os mesmos resultados também foram registados nos Camarões, onde a infestação de ervas daninhas também foi muito menor em parcelas com *C.odorata*, em comparação com parcelas com culturas leguminosas em pousio. Além disso, na mesma experiência, *a C.odorata* mostrou um efeito benéfico na concentração permutável de K e na mineralização de NH4+-N. Finalmente, *a C.odorata* foi capaz de decompor 36% do seu peso após apenas 14 semanas (Koutika e Riney, 2010).

Os investigadores concluíram que, como planta de pousio, *a C. odorata* pode promover a sustentabilidade do sistema de cultivo e aumentar significativamente os rendimentos de certas culturas (milho, amendoim e mandioca). Mesmo em solos pouco ácidos, como os do centro dos Camarões, a substituição da planta por espécies leguminosas não foi considerada necessária. Assim, em certas regiões, *a C.odorata* pode ser definitivamente considerada como uma planta de pousio benéfica em vez de uma infestante (Koutika e Riney, 2010).

C.v) Utilizações da *Chromolaena odorata*

Como medicamento

Apesar de quaisquer efeitos secundários, *a C. odorata* pode ainda ser praticamente útil na medicina tradicional. É conhecida pelas suas actividades aniprotozoária, adstringente, hepatotrófica, diurética, antitripanossomal, antibacteriana e hipertensiva. Também foram encontradas actividades anti-inflamatórias, antipiréticas e antiespasmódicas na sua constituição química. Nos países em desenvolvimento, as suas folhas são utilizadas, como medicina tradicional, contra infecções cutâneas, hemorragias e feridas (Rao *et al.* 2010). As mesmas propriedades do extrato de *C.odorata* foram também mencionadas por Hung *et al.* (2011). No seu estudo, também indicaram a ocorrência de terpenóides no extrato da planta. Foi relatado pela primeira vez, por Irobi (1992), que o valor medicinal da *C.odorata* assenta no facto de possuir actividades antibacterianas, que podem ser importantes em casos de doenças de pele. O mesmo autor refere que o extrato metanólico de *C.odorata* pode controlar eficazmente estirpes hospitalares de *Pseudomonas aerudinosa* e *Streptococcus faecalis*, ambas bactérias responsáveis por infecções cutâneas. Na sua análise química, Irobi (1992) indicou a presença de flavonas, flavonóides, taninos e saponinas. Todos estes compostos poderiam possivelmente ter uma ação antibacteriana. Num outro estudo, Irobi (1997) revelou a existência de alcalóides no extrato de *C.odorata*, bem como a sua atividade antibacteriana contra duas outras bactérias, *Bacillus strarothermophilus* e *Bacillus thuringiensis*. No entanto, afirma que devem ser utilizadas grandes quantidades de extrato etanólico contra as bactérias e que o efeito bactericida é diretamente afetado por condições como a temperatura e o pH.

Uma análise pormenorizada dos compostos fitoquímicos e das propriedades antioxidantes da *C.odorata* foi efectuada por Akinmoladun *et al.* (2007) (Quadro 8).

Tabela 8: Fitoquímicos detectados em extractos de *Chromolaena odorata* (+ = Presente, - = Ausente) (Akinmoladum *et al.*, 2007)

Fitoquímicos	Extractos de metanol	Extractos aquosos
Alcanóides	+	-
Saponis	-	+
Taninos	+	+
Flobataninos	+	+
Antraquinonas	-	+
Esteróides	+	+
Terpenóides	+	+
Flavonóides	+	+
Glucósidos cardíacos		
Com anel esteroide	+	+
Com desoxi-açúcar	+	+

Alguns dos compostos acima enumerados, como os alcalóides, os taninos e os flavonóides, podem ser benéficos para a ação fisiológica do corpo humano (Rao *et al.* 2010). Por exemplo, o flavonoide, um composto fenólico, é considerado como um dos componentes antioxidantes mais proeminentes dos materiais vegetais, que poderia ser definitivamente utilizado como terapêutica humana. Este facto deve-se à correlação positiva entre a concentração de fenólicos das plantas e a sua capacidade total de antioxidantes. Vale a pena mencionar que *a C. odorata* contém um teor significativamente mais elevado de compostos fenólicos, em comparação com outras plantas que também são consideradas infestantes invasivas (Krishant *et al.* 2010).

Pierangeli *et al.* (2009) confirmaram a atividade antiprotozoária do extrato de etanol de *C. odorata.* O seu ensaio de difusão em disco mostrou que o extrato era capaz de inibir *Bacillus subtilis*, *Staphylococcus aureus* e *Salmonella typhimurium*. Os investigadores também atribuíram a ação antimicrobiana *da C. odorata* à presença de taninos e flavonóides no extrato de etanol. Estes compostos são capazes de se ligar à parede celular e, por conseguinte, restringir a síntese.

Como inseticida

Matur e Davou (2007) testaram a ação larvicida do extrato de folhas de *C. odorata* em *larvas de Simulium*, em comparação com Clopyrifos, ou seja, um composto organofosforado, que é um dos insecticidas químicos mais utilizados. Experimentaram tanto o extrato da planta como o composto químico em diferentes concentrações e tempos de exposição. Os resultados indicaram 82% de mortalidade do extrato, enquanto o Clopurifos apresentou 100% de mortalidade.

Outras utilizações

Antwi-Boasiako e Damoah (2010) examinaram se os extractos de plantas eram ou não capazes de prolongar o tempo de vida da madeira, que não é durável, através das suas propriedades biocidas contra vários biodegradadores, ou seja, fungos e bactérias. Especificamente, investigaram este efeito de três plantas (*Erythrophleum suaveolens*, *Azadirachta indica* e *Chromolaena odorata*) em *Antiaris toxicaria*. Nos seus resultados, referiram que, entre as três plantas, *a C. odorata* tinha o nível de retenção eficaz mais elevado e que podia ser facilmente utilizada como conservante de madeira.

D) Extractos de plantas como fungicidas

De acordo com Meena *et al.* (2011), a consciência da poluição ambiental devido à utilização de pesticidas químicos aumentou e a necessidade de novas opções de controlo de doenças é mais do que necessária. O desenvolvimento de estirpes de fungos resistentes também contribui para este objetivo.

De acordo com Kim *et al.* (2004), as espécies derivadas do Reino Planta podem representar uma forma eficaz de controlar a infeção fúngica em diferentes culturas. A utilização de extractos de plantas de várias plantas para controlar os agentes patogénicos é uma nova tendência na patologia vegetal, mas a ideia tem sido investigada há muitos anos. Os produtos naturais de plantas já foram examinados quanto à sua atividade fungicida e alguns deles poderiam ser aplicados no controlo de pragas (Kim *et al.*, 2004). Nesta sessão, são descritos alguns dos estudos realizados sobre a eficácia dos extractos de plantas contra doenças fúngicas. O quadro 9 apresenta um resumo destes estudos.

Tabela 9: seleção de estudos realizados sobre a atividade antifúngica de diferentes extractos de plantas.

PLANTA EXAMINADA	PARTE DA PLANTA	TIPO DE EXTRACTOS	PATOGÉNIO	MÉTODO	RESULTADOS	REFERÊNCIA
Achyranthes japonica*, *Rumex Crispus	Planta inteira	Extrato metanólico	*Blummeria graminis*	*In planta* (condições controladas)	Uma redução de 90% da gravidade da doença	Kim *et al.* (2004)
Cistus villosus*, *Eucalyptus globulus*, *Peganum harmala*, *Thymus leptobotrys	Folhas e caules	Pó fino da planta	*Penicillium digitatum*, *Penicillium italicum*, *Geotrichum candidum*	*In vitro*	Inibição a 100% do crescimento micelial	Ameziane *et al.* (2007)
Minuspos elengi*, *Punica granatum*, *Prosopis juliflora*, *Lawsoniainermis* , *Datura stramonium*, *Emblica officinalis	Folhas	Extrato aquoso	Espécies *de Aspergillus*	*In vitro*	Mais de 50% de inibição do crescimento micelial	Satish *e al.* (2007)
Cupressus benthamii*, *Vetiveria zizanioides	Folhas	Extrato aquoso	*Phytophtora infestans*	*In vitro* e em condições de estufa	Uma inibição de 23% da germinação de esporângios (*in vitro*) 83% de redução da doença (condições de estufa) Uma inibição de 35% da germinação de esporângios (*in vitro*) 77% de redução da gravidade da doença (condições de estufa)	Goufo *et al.* (2008)
Acalypha gaumeri*, *Croton chichenensis	Raízes	Extrato vegetal em etanol	*Alternaria alternata*, *Fusarium oxysporum*, *Rhizopus* sp., *Colletotrichum gloeosporioides*	*In vitro*	Mais de 40% de inibição do crescimento do micélio	Camboa-Angulo *et al.* (2008)
***Cymbopogon citratus*, *Ocimum gratissimum*,**	Folhas	Óleos	*Alternaria padwicki*, *bipolaris oryzae*, *Fusarium moniliforme*	Em plântulas	Uma redução da infeção das sementes numa gama de 48 a 100%.	Nguefack *et al.* (2008)

Thymus vulgaris						
Cymbopogon proximus (Halfa barr), Zingiber Officinale (Gengibre)	Folhas	Extrato de água destilada a frio	*Alternaria alternate, Fusarium oxysporum*	*In vitro*	Restrição significativa de: i) crescimento micelial do agente patogénico ii) produção de enzimas hidrolíticas.	Fawzi *et al.* (2009)
Syzygium aromaticum	Peças aéreas	Extrato de etanol-água	*Rhizoctonia solani* em ervilhas	Condições de estufa	Uma redução de 40% na incidência de doenças.	Al-Askarand Rashad (2010)
Azadirachta indica, Pelargonium cucullatum	Folhas	Extrato de etanol-água	*Rhizoctonia solani, Rizoctonia oryzae, Rhizoctonia oryzae-sativae, Sclerotium hydrophilum*	*In vitro*	Mais de 90% de redução do crescimento micelial	Aye e Matsumoto (2011)
Piper betle	Folhas	Extrato etanólico da folha	*Colletotrichum capsici*	*In vitro*	Redução do crescimento micelial (85%) e da taxa de esporulação (81%)	Johnny *et al.* (2011)
Solanum torvum	Folhas	Extrato aquoso	*Fusarium* sacchari	*In vitro* e *in planta*	Uma inibição de 100% do crescimento micelial (*in vitro*) e 52% de controlo da doença (*in vivo*)	Guptae Tripathi (2011)
Yucca shidigera	Troncos	Extrato aquoso	*Leptosphaeria sacchari, Fusarium* spp. *Cochliobolus lunatus*, Cladosporium spp.	*In planta* (teste do mata-borrão)	Inibição do crescimento fúngico (para todos os agentes patogénicos).	Wulff *et al.* (2012); Bengtsson *et al.* (2009)
Xanthium strumarium	Folhas adultas	Extrato de folhas	*Colletotrichum camillae Curvularia eragrostidis*	Condições controladas	Redução da incidência de doenças: 76% e 78%, respetivamente.	Saha *et al.* (2012)
Chromolaena odorata	Folhas	Extrato aquoso	*Rhizoctonia solani Pyricularia oryzae Bipolaris oryzae Xanthomonas oryzae*	Controlado e semi condições controladas	Redução de: i) Comprimento da lesão (*Rhizoctonia solani*, 68%). ii) Gravidade da doença (*Pyricularia oryzae*, 45%). iii) severidade da doença (*Bipolaris oryzae*, 57%) iv) comprimento médio da lesão (*Xanthomonas oryzae*) (até 50%).	Khoa e al. (2011)

A maioria dos estudos foi efectuada em condições *in vitro*. De acordo com Kim *et al.*, (2004), os estudos *in vitro* são uma forma rápida de testar as potenciais capacidades antifúngicas dos extractos de plantas, o que pode levar a um exame *in planta*. Alguns deles são apresentados de seguida.

Ameziane *et al.* (2007) examinaram a atividade antifúngica de 21 plantas medicinais e aromáticas contra três diferentes agentes patogénicos pós-colheita de citrinos, *ou seja, Penicillium digitatum*, *Penicillum italicum* e *Geotrichum candidum*. O estudo foi realizado *in vitro* e o fator examinado foi a inibição do crescimento micelial em placas de Petri. O autor triturou a planta em pós finos e misturou-os com ágar dextrose de batata. Os extractos derivados de *Cistus villosus*, *Eucalyptus globules* (Figura 11A), *Peganum harmala* e *Thymus leptobotrys* foram capazes de inibir o crescimento micelial dos três agentes patogénicos em 100%. Além disso, os extractos de clorofórmio e metanol destas quatro plantas foram testados contra o crescimento micelial. Um extrato de cromoforma de *Tymus leptobotrys* (0,3% p/v) e ambos os extractos de metanol (1% p/v) e cromoforma (2% p/v) de *Peganum harmala* exibiram propriedades fungicidas interessantes (100% de inibição) para todos os agentes patogénicos testados. Os autores sugeriram que os extractos também deveriam ser examinados para identificar os compostos activos responsáveis pela atividade antifúngica.

Outro estudo *in vitro* foi efectuado por Satish *et al.* (2007). Aqui, extractos aquosos de folhas de 52 plantas foram testados contra espécies *de Aspergillus* fitopatogénicas transmitidas por sementes (*A.candidus*, *A.columnaris*, *A.flavipes*, *A.flavus*, *A.fumigatus*, *A.niger*, *A. ochraceus* e *A.tamarii*). Os testes foram efectuados em placas de Petri. Foram feitas observações sobre o crescimento micelial e, de entre as plantas *Mimusops elengi* (Figura 11B), *Punica granatum*, *Prosopis juliflora, Lawsonia inermis*, *Datura stramonium* e *Emblica officinalis*, registou-se uma elevada inibição do crescimento micelial (mais de 50%).

As propriedades antifúngicas de *Cupressus benthamii* (Figura 11C) e *Vetiveria zizanioides*, ambas espécies dos Camarões, foram demonstradas por Goufo *et al.* (2008), quando testaram o efeito de extractos aquosos na germinação de esporângios (*in vitro*) e na severidade da doença (em condições de estufa) do míldio do tomateiro (*Phytophthora infestans*). Os extractos de *Cupressus benthamii* e *Vetiveria zizanioides* foram obtidos através de folhas, e apresentaram uma inibição de 23 e 35% da germinação de esporângios, respetivamente, enquanto a redução da doença atingiu 86 e 77%, respetivamente. Os autores concluíram que estas plantas poderiam ser úteis para o desenvolvimento de fungicidas sintéticos, devido à sua elevada acessibilidade e rendimento.

Camboa-Angulo *et al.* (2008) avaliaram a atividade de 20 plantas, pertencentes a diferentes géneros, contra quatro agentes patogénicos: *Alternaria alternata*, *Colletotrichum gloeosporioides*, *Fusarium oxysporum* e *Rhizopus* sp. Utilizaram extractos etanólicos de caules, raízes e folhas. Os extractos de raízes de *Acalypha gaumeri* e *Croton chichenensis* (Figura 11D) apresentaram uma inibição significativa *in vitro* do crescimento micelial de alguns dos agentes patogénicos testados. Especificamente, *Acalypha gaumeri* inibiu *Alternaria alternata* em 94%, enquanto *Croton chichenensis* inibiu *Colletotrichum gloeosporioides* e *Fusarium oxysporum* em 78% e 83%, respetivamente, quando comparado com o controlo.

Fawzi *et al.*, (2009) investigaram o efeito de extractos aquosos derivados de *Cinnamomum zeylanicum*, *Cymbopogon proximus*, *Laurus nobilis*, *Persea americana* e *Zingiber officinale* em *Alternaria alternata* e *Fusarium oxysporum.* Além da inibição do crescimento micelial, também foi investigada a atividade contra as enzimas hidrolíticas dos agentes patogénicos (β-glucosidase, pectina liase e protease). Os extractos de *Zingiber officinale* e *Cymbopogon proximus* foram altamente eficazes contra o crescimento micelial e a produção de enzimas, enquanto os outros extractos tiveram um efeito insuficiente ou nulo. Como os autores utilizaram duas formas diferentes de extração, *ou seja*, água destilada fria e água destilada fervida, também concluíram que o melhor efeito foi observado nos extractos feitos com água destilada fria.

Os agentes patogénicos do solo responsáveis por doenças do arroz despertaram interesse quando Aye e Matsumoto (2011) realizaram uma investigação sobre o efeito de dezasseis extractos na inibição, *in vitro*, do crescimento micelial dos seguintes agentes patogénicos: *Rhizoctonia solani*, *R.oryze, Rhizoctonia oryzae-*

sativae e *Sclerotium hydrophilum*. Os autores concluíram que, entre os extractos de folhas de plantas testados, os derivados de *Syzygium aromaticum*, *Azadirachta indica*, *Pelargonium cucullatum* e *Rosmarinus officinalis* estavam associados a uma forte inibição dos fungos. Assim, demonstraram que um extrato de etanol-água de *Azadirachta indica* foi capaz de inibir o crescimento de *R.oryzae* em mais de 90% e os mesmos resultados foram observados com o extrato *de Pelargonium cucullatum*. O efeito dos outros extractos foi menor mas ainda assim significativo (mais de 67%).

A atividade antifúngica da *Piper bentle* foi descoberta por Johnny *et al.* (2011), que examinaram um extrato metanólico de folhas contra, não só o crescimento micelial, mas também a taxa de esporulação de *Colletotrichum capsici*. O estudo foi realizado *in vitro* e verificou-se que era capaz de reduzir o crescimento micelial do fungo em 85% e a taxa de esporulação em 81%, em comparação com o controlo. Os autores concluíram que a atividade antifúngica da *Piper bentle* se devia provavelmente aos seus compostos activos, tais como lignanos, terpenos, alcalóides, esteróides e flavonas, todos bem conhecidos pela sua atividade contra fungos (Johnyny *et al.*, 2011).

Um extrato de benzeno, obtido a partir de folhas adultas de *Xanthium strumarium*, foi demonstrado por Saha *et al.* (2012) como sendo eficaz contra *Colletotrichum camelliae* e *Curvularia eragrostidis*, agentes patogénicos causais do míldio castanho e da mancha foliar no chá (*Camellia sinensis*), respetivamente. Em condições controladas, o extrato foi capaz de reduzir a incidência da doença do míldio castanho em 76% e 78% no caso da mancha foliar. Os autores investigaram a atividade antifúngica do *Xanthium strumarium* em mais pormenor e isolaram o composto xantanina do extrato, que teve um efeito redutor significativo contra o crescimento de fungos, quando testado *in vitro*.

Fig11 : A) *Glóbulos de eucalipto* (http://anpsa.org.au/e-glo.html), B) *Minusopselengi* (http://en.wikipedia.org/wiki/File:Maulsari_%28Mimusops_elengi%29_in_Hyderabad_W_IMG_7161.jpg), C) *Cupressus benthamii* (http://www.prota4u.org/protav8.asp?h=M4&t=Cupressus,lusitanica&p=Cupressus+lusitanica), D) *Croton chichenensis* (http://chalk.richmond.edU/flora-kaxil-kiuic/c/croton chich-peraer.html).

De todos os extractos testados até agora, uma percentagem relativamente pequena foi testada *in planta*. Os testes *in planta* de extractos de plantas têm maior credibilidade em comparação com os testes *in vitro* e permitem aos investigadores obter uma melhor visão da possível capacidade antifúngica dos extractos testados (Goufo *et al.*, 2008). Vários investigadores tentaram examinar a atividade antifúngica de diferentes extractos, *in planta*.

No seu estudo, Kim *et al.* (2004) investigaram o efeito *in planta* de 183 extractos de plantas em metanol contra diferentes agentes patogénicos (*Magnaporthe grisea*, *Corticium sasaki*, *Botrytis cinerea*, *Phytophthora infestans*, *Puccinia recondita* e *Blumeria graminis sp. hordei*). Os extractos de plantas foram feitos a partir das folhas e os estudos foram efectuados em folhas de plantas hospedeiras. Dois extractos de plantas, *Achyranthes japonica* (Figura 12A) e *Rumex crispus*, tiveram uma elevada eficácia contra *Blumeria graminis* (oídio), com uma redução de até 90% da gravidade da doença. *O Rumex crispus* é conhecido como antídoto em caso de perturbações gástricas, enquanto *o Achyranthes japonica* é utilizado como diurético.

Num estudo em condições de estufa, Al-Askar e Rashad (2010) investigaram o efeito do extrato de etanol-água da planta medicinal *Syzygium aromaticum* em *Rhizoctonia solani*. Este extrato foi o único (de entre quatro) a ser testado *in vivo*, uma vez que apresentou uma inibição significativa do crescimento micelial em condições *in vitro*. O extrato de *Syzygium aromaticum* (Figura 12B) reduziu a incidência da doença da podridão radicular na ervilha (*Pisum sativum*) até 50%. Por outro lado, a desvantagem foi que a concentração eficaz do extrato foi relativamente elevada (4%).

Gupta e Tripathi (2011) examinaram a atividade fungitóxica de um extrato aquoso de folhas de *Solanum torvum* contra *Fusarium sacchari*, o agente patogénico responsável pela murchidão da cana-de-açúcar. *O Solanum torvum* foi selecionado para ser testado *in vivo*, entre 22 extractos de plantas diferentes, uma vez que foi o único que deu 100% de controlo do crescimento micelial *de F.sacchari in vitro*. Quando o solo foi tratado com o extrato, foi demonstrado que este proporcionava um controlo de 52% da murchidão. No entanto, ainda devem ser realizados ensaios em maior escala para que a atividade antifúngica de *Solanum torvum* seja confirmada (Gupta e Tripathi 2011).

Outro ensaio *in vivo* foi conduzido por Wulff *et al.* (2012), que investigaram a atividade fungicida do extrato de *Yucca shidigera* (Figura 12C) contra quatro agentes patogénicos das sementes de sorgo (*Sorgum bicolor*). Os agentes patogénicos testados foram *Leptosphaeria sacchari*, *Fusarium* spp., *Cochliobolus lunatus* e *Cladosporium* spp. A incidência de todos os agentes patogénicos foi significativamente reduzida em testes de blotter e a atividade antifúngica da *Yucca* foi associada à presença de saponinas nos extractos. As saponinas são conhecidas pelas suas interações com os componentes da membrana fúngica, que resultam na debilidade da integridade da membrana (Wulff *et al.*, 2012). Já Bengtsson *et al.* (2009) tinham verificado que *a Yucca schidigera* era capaz de inibir os agentes patogénicos das plantas. Assim, verificou-se que era eficaz contra *Venturia inaequalis* (sarna da maçã). O extrato da planta foi capaz de inibir a germinação conidial do agente patogénico e reduziu os sintomas da sarna da maçã e a esporulação do agente patogénico em ensaios de plântulas.

De acordo com Nguefack *et al.* (2008), foi demonstrado que os óleos extraídos de plantas possuem atividade antifúngica. No seu estudo, os autores examinaram a capacidade dos óleos extraídos de *Cymbopogon citratus*, *Ocimum gratissimum* e *Thymus vulgaris* contra agentes patogénicos transmitidos por sementes de arroz: *Alternaria padwickii*, *Bipolaris oryzae* e *Fusarium moniliforme*. O estudo foi efectuado em plântulas de arroz e os óleos reduziram a infeção das sementes num intervalo de 48 a 100%. Para além disso, os três óleos aumentaram a capacidade de germinação das sementes tratadas entre 5 a 13%.

Finalmente, o estudo que constitui o incentivo desta tese foi realizado por Khoa *et al.* (2011). Examinaram a eficácia de um extrato aquoso de folhas de *Chromolaena odorata*, contra quatro agentes patogénicos do arroz:

Rhizoctonia solani (míldio da bainha), *Pyricularia oryzae* (explosão), *Bipolaris oryzae* (mancha castanha) e *Xanthomonas oryzae* (míldio bacteriano). A aplicação do extrato de *C. odorata* foi conduzida tanto por tratamento de sementes como por tratamento foliar, em condições controladas e de semi-campo para o míldio da bainha, o rebentamento e a mancha castanha e o míldio bacteriano.

Para o míldio da bainha em condições controladas, foram aplicadas concentrações de extrato de 2,5, 5 e 10 % (p/v) aos 7 DAI para tratamento foliar. As concentrações de extrato de 10 e 5% p/v foram capazes de reduzir o comprimento médio das lesões da doença em 31 e 30%, respetivamente. No entanto, quando essas concentrações foram testadas em diferentes momentos (3, 5 e 7 DAI), não foram observadas diferenças significativas. Para o tratamento de sementes, foram testados extractos a 2,5, 5 e 10% (p/v). Foram observadas reduções de até 59%.

Em condições de semi-campo, foram testadas concentrações de extrato de 2,5, 5 e 10 % (p/v) como tratamento foliar, enquanto 0,5, 1, 2, 2,5, 5 e 10% foram as concentrações aplicadas como tratamento de sementes. Para o tratamento foliar, todas as concentrações reduziram o comprimento médio das lesões até 58% aos 7 DAI, 41% aos 14 DAI e 30% aos 21 DAI. Não foram observadas diferenças entre os diferentes momentos de pulverização. Para o tratamento de sementes, todas as concentrações reduziram o comprimento médio das lesões até 68% aos 7 DAI e 58% aos 21 DAI.

Além disso, para tratamentos foliares em condições de semi-campo, as concentrações de extrato de folhas de *C. odorata* de 1, 2,5, 5 e 10 % (p/v) foram capazes de reduzir o comprimento médio das lesões da praga bacteriana até 50%, enquanto que apenas as concentrações de 1 e 2,5 % reduziram a área foliar infetada para a praga bacteriana. No entanto, não foram observadas diferenças para a podridão castanha. Por outro lado, o tratamento de sementes com concentrações de extrato de 1, 2,5, 5 e 10 % reduziu o comprimento médio das lesões do míldio bacteriano em comparação com o controlo (até 50 %), mas apenas uma concentração de 5 % reduziu a área foliar infetada para o míldio castanho aos 5 dias após a inoculação. Relativamente ao tratamento de sementes, não se observou qualquer efeito redutor do míldio.

O extrato de *C. odorata* mostrou uma elevada atividade antifúngica contra doenças do arroz e pode ser um dos extractos de plantas que vale a pena experimentar para outras doenças graves das plantas. Além disso, a possibilidade de induzir resistência em plantas de arroz, como mencionado por Khoa *et al.* (2011), também poderia ser uma opção possível para a investigação noutras plantas.

Como conclusão, as investigações têm-se centrado na atividade antifúngica de extractos de diferentes partes de plantas (folhas, raízes, caules). A parte da planta que é mais utilizada são as folhas. Além disso, não são utilizados apenas extractos aquosos, mas também outras formas de extractos (clorofórmio, óleos, metanol e extrato de etanol). A capacidade dos extractos contra os agentes patogénicos pode variar dependendo da forma de extração (Ameziane *et al.*, 2007). Os estudos incluem agentes patogénicos pré-colheita e pós-colheita, e são utilizados principalmente testes *in vitro*. De acordo com os resultados, a inibição do crescimento micelial é a que a maioria dos estudos *in vitro* inclui, enquanto na investigação *in planta* prevalece a redução da incidência da doença. No entanto, os estudos que incluem testes *in planta* aumentam sempre a credibilidade dos resultados e podem ser um incentivo para mais investigação (Goufo *et al.*, 2008). Os estudos *in vitro* podem mostrar a capacidade antifúngica do extrato num período de tempo mais curto, mas só os estudos *in planta* permitem que um extrato de planta se transforme num fungicida. No que diz respeito à forma como os extractos expressam a sua atividade antifúngica, parece que não só as diferentes formas, mas também os compostos dos extractos poderiam ser o foco de mais investigação.

Fig 12: A) *Achyranthes japonica* (http://fmdmeacure.com/2010/01/29/japanese-chaff-flowerachyranthes-japonica/), B) *Syzygium aromaticum* (http://www.hear.org/starr/images/image/?q=070906-8564&o=plants), C) *Yucca shidigera* (http://educationally.narod.ru/califplantphotoalbum.html).

III) Descrição do projeto

O trabalho experimental deste estudo foi dividido em experiências *in vitro* e *in planta*.

Nas experiências *in vitro* (Experiências A, B, C e D), foi examinado o efeito do extrato aquoso *de C. odorata* sobre dois importantes factores epidemiológicos de *A. brassicae*, ou seja, a germinação de conídios e o crescimento micelial. Foram testadas diferentes concentrações do extrato, em formas estéreis e não estéreis. Para além do extrato, o efeito de *Candida* sp. (levedura epifítica isolada do extrato de *C. odorata*) foi também examinado contra a germinação de conídios e o crescimento micelial *de A. brassicae*.

Para as experiências *in planta* (E, F, G, H, I e J), foram utilizados dois membros importantes da espécie *Brassica*, ou seja, *Brassica napus* e *B. oleracea*. Em primeiro lugar, foi examinado o efeito do extrato de *C. odorata* no crescimento de ambas as culturas, enquanto o efeito do extrato da planta e de *Candida* sp. na germinação de sementes de *B. napus* também foi investigado.

Foram também realizadas avaliações da eficácia do extrato de *C. odorata* e *Candida* sp. contra a incidência e severidade do míldio de Alternaria, tanto em *B. napus* como *em B. oleracea*. Foram efectuadas três avaliações diferentes. Embora o objetivo de todas as experiências fosse avaliar o efeito das soluções *in vitro* na incidência e severidade da doença do míldio de Alternaria, os diferentes factores utilizados (cultivares, tratamentos, partes de plantas inoculadas e concentrações de inóculo) levaram à separação das experiências.

Finalmente, a atividade específica da β-1,3-glucanase em *B. napus* foi determinada em resposta à inoculação com *A. brassicae* e aos tratamentos de sementes e foliares com *C. odorata* e *Candida* sp.

A análise estatística de todas as experiências foi efectuada com o Statistical Analysis Software (SAS/STAT).

IV) Parte experimental

E) Experiências *in vitro*

E.i) Materiais e métodos

Preparação do inóculo de *A. brassicae*

A preparação da concentração dos inóculos foi a mesma para todas as experiências *in vitro* e *in planta*.

Para a preparação das suspensões de inóculo, foram utilizadas culturas de *A.brassicae* (isolado 2123) com 20 dias de idade (ágar sumo V8), mantidas à temperatura ambiente. As culturas foram raspadas com um bastão, utilizando água destilada, filtradas com um pano de queijo (para evitar quaisquer pedaços de ágar) e purgadas para frascos de 25 ml. A concentração final foi medida, para todas as experiências, através da utilização de um hemocímetro. Todo o procedimento foi efectuado numa bancada esterilizada para evitar qualquer contaminação dos inóculos.

Preparação do extrato aquoso *de C. odorata*

O método para a preparação do extrato da planta, para todos os ensaios, foi seguido de acordo com Kjoa *et al.* (2010). As folhas de *C.odorata* foram colhidas por plantas mantidas em condições de estufa com luz natural normal a 28° C e 60% de humidade relativa, em condições de luz natural. As folhas foram lavadas com água da torneira, secas à temperatura ambiente e trituradas com um pilão e um almofariz. Imediatamente antes da moagem, foi adicionada água ao almofariz (10 vezes o peso das folhas secas). A solução foi filtrada com um pano de algodão para evitar a deposição de folhas e transferida para um tubo de 50 ml. A diluição com água destilada conduziu, em cada experiência, às concentrações desejáveis do extrato aquoso da planta. Todos os extractos foram utilizados imediatamente. Para cada experiência foi preparado um extrato fresco.

Experiência A: Efeito de três concentrações do extrato aquoso *de C. odorata* na germinação de conídios *de A. brassicae*

Em primeiro lugar, investigou-se se havia ou não efeito do extrato de planta na germinação conidial. Na experiência A, foi examinado o impacto de três concentrações diferentes do extrato da planta (2,5, 3,3 e 5% p/v).

O objetivo da experiência era o seguinte

Investigar se existe ou não um efeito das três concentrações na germinação dos conídios.

Após a preparação de uma suspensão de inóculo (12.000 esporos/ml) e das concentrações de extrato de plantas, foram transferidos 200 µl de inóculo para quatro tubos Eppendorf (1ml). Ao primeiro tubo, foi adicionado um volume de 200 µl de extrato de planta a 2,5% p/v, ao segundo 200 µl de extrato de planta a 3,3% p/v, ao terceiro com extrato de planta a 5% p/v e ao quarto foi adicionado 200 µl de água destilada (controlo). Cada um dos quatro tratamentos teve três repetições. Todos os tubos Eppendorf foram colocados num agitador a 27° (100 rpm), no escuro, durante 48 h. Após 48 h, foram colhidas amostras e examinadas por microscopia ótica. Colocou-se um volume de 100 µl de cada tubo em lâminas (uma lâmina por tubo) e registou-se se os conídios germinaram ou não (foram examinados 100 conídios em cada lâmina). Foram considerados conídios germinados aqueles que formaram tubos germinativos. Após 48 h, as taxas de germinação no controlo não se alteraram e, por conseguinte, a avaliação foi realizada apenas neste momento.

Experimento B: Efeito do extrato aquoso estéril e não estéril *de C. odorata* na germinação de conídios de *A. brassicae*

Na experiência B, foram novamente examinadas duas concentrações do extrato, mas desta vez também foram incluídas soluções estéreis dos extractos.

O objetivo da experiência era o seguinte

E Examinar se as soluções não estéreis e estéreis do extrato têm um efeito inibidor diferente na germinação de conídios *de A. brassicae.*

Nesta experiência, foram utilizadas duas concentrações da experiência A, *ou* seja, 2,5 e 3,3% (p/v). A preparação do inóculo e do extrato de planta foi feita como acima mencionado. No entanto, desta vez, 5 ml das duas concentrações de extrato de plantas foram filtrados por tubos de 0,2 µm (Grupo SARSTEDT) para remover todos os organismos do extrato e colocados em tubos separados. Finalmente, 5 tratamentos (Tabela 10) foram efectuados em tubos Eppendorf (da mesma forma que na Experiência A) e cada tratamento foi realizado três vezes. A concentração do inóculo foi novamente de 12.000 esporos/ml.

Quadro 10: Tratamentos da experiência B

i)	200 µl de inóculo + 200 µl de água destilada
ii)	200 µl de inóculo + 200 µl de extrato vegetal não estéril 2,5% (p/v)
iii)	200 µl de inóculo + 200 µl de extrato vegetal estéril 2,5% (p/v)
iv)	200 µl de inóculo + 200 µl de extrato vegetal não estéril 3,3% (p/v)
v)	200 µl de inóculo + 200 µl de extrato vegetal estéril 3,3% (p/v)

Os tubos foram de novo transferidos para o agitador a 27° C, em câmara húmida (100 rpm), e o exame foi efectuado da mesma forma após 2 dias.

Experiências C1 e C2: Efeito de *Candida* sp. na germinação de conídios de *A. brassicae*

Foram realizados testes *in vitro* sobre as interações entre *A. brassicae* e o extrato da planta. Discos de culturas de *A. brassicae* retirados de culturas V8 com 20 dias de idade foram colocados em pratos V8 acabados de fazer, rodeados de gotas (aproximadamente 50µl) de extractos de plantas esterilizados e não esterilizados (2,5 e 3,3% p/v). Em algumas das repetições, notou-se que um organismo estava a crescer nas gotas não esterilizadas, enquanto que nas gotas esterilizadas não havia crescimento (Figura 13). Este organismo foi identificado como levedura de *Candida* sp. (género) de acordo com as suas caraterísticas morfológicas, *ou seja*, colónias brancas, forma, tamanho e divisão das células.

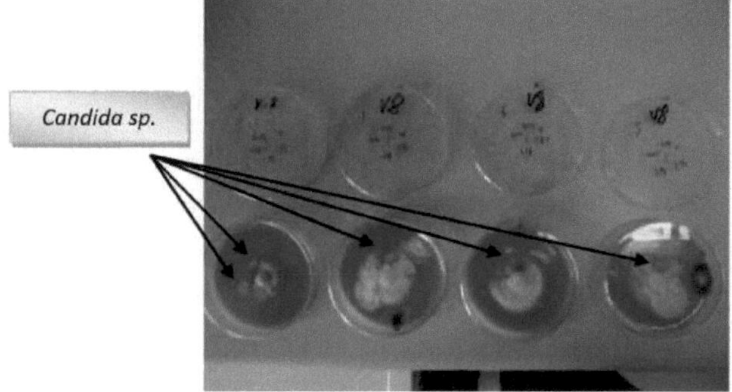

Fig. 13: Crescimento *in vitro* de *Candida sp.* em gotas de extrato de plantas de *C.odorata.*

Candida sp. (Figura 14A) foi isolada de três colónias diferentes e transferida para o meio YEP de modo a crescer separadamente de qualquer outro composto ou organismo (Figura 14B). Mesmo um período de dois dias foi suficiente para o crescimento da levedura.

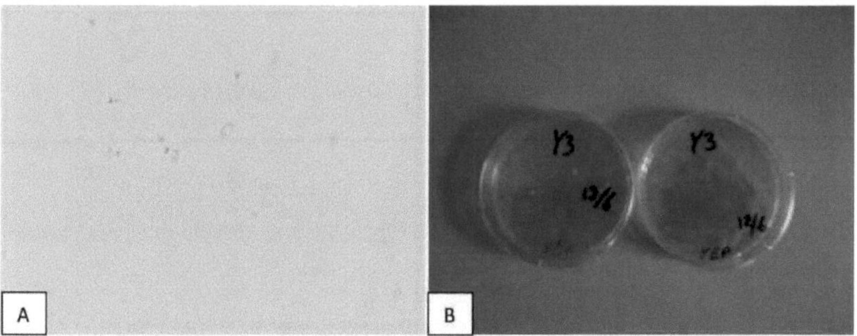

Fig. 14: A) Micrografia de células de *Candida* sp. (ampliação 40x), B) Culturas YPE *de Candida* sp.

Como *Candida* sp. foi isolada pelas soluções não estéreis, foi interessante investigar se ela também poderia inibir a germinação de conídios de *A. brassicae.*

Os objectivos das experiências foram os seguintes

- Testar se havia um efeito inibitório de *Candida* sp. na germinação conidial de *A. brassicae.*

A preparação do inóculo e as concentrações de extrato vegetal estéril foram descritas nas duas experiências anteriores (Experiências A e B). Desta vez, a suspensão de inóculo utilizada foi de 11.500 esporos/ml.

Preparação da suspensão de *Candida* sp.

As culturas, com 2 dias de idade (armazenadas no frigorífico desde a inoculação), foram cuidadosamente raspadas com uma ansa de inoculação, em condições estéreis. A ansa foi imbuída em 25 ml de água destilada e agitada vigorosamente para libertar células *de Candida* sp. na suspensão. Através da utilização de um hemocitómetro, a concentração da suspensão de esporos foi determinada e as concentrações (10^7 , 10^6 e 10^5 células/ml) foram obtidas por diluição com água destilada.

Tal como nos ensaios anteriores de germinação de esporos, 200 µl de inóculos recentemente preparados de *A. brassiace* foram misturados, em tubos Eppendorf, com 200 µl de concentrações de levedura (10^7 , 10^6 ou 10^5 células/ml), concentração de extrato estéril (2,5 e 3,3%), e soluções combinadas de concentrações de extrato estéril (2,5 e 3,3%) com levedura (10^7 , 10^6 e 10^5 células/ml). Este procedimento deu origem aos 12 tratamentos seguintes (Tabela 10):

Table 10: Tratamentos da experiência C1

1. 200 µl de inóculo + 200 µl de água destilada (controlo)

2. 200 µl de inóculo + 200 µl de suspensão de *Candida* sp. (105 células/ml) (Levedura a)

3. 200 µl de inóculo + 200 µl de suspensão de *Candida* sp. (106 células/ml) (Levedura b)

4. 200 µl de inóculo + 200 µl de suspensão de *Candida* sp. (10 células/ml) (Levedura c)

5. 200µlinoculum + 200 µl de extrato estéril *de C. odorata* 3,3% (p/v) (S.p.e. 3,3%)

6. 200µlinoculum + 200 µl de extrato estéril *de C. odorata* 2,5% (p/v) (S.p.e. 2,5%)

7. 200µlinoculum + 200 µl de suspensão de *Candida* sp. (105 células/ml) em extrato estéril *de C. odorata* 3,3% (p/v) (Levedura a +s.p.e. 3,3%)

8. 200 µl de inóculo + 200 µl de suspensão de *Candida* sp. (10^5 células/ml) em extrato estéril *de C. odorata* 2,5% (p/v) (Levedura a + s.p.e. 2,5%)

9. 200 µl de inóculo + 200 µl de suspensão de *Candida* sp. (106 células/ml) em extrato estéril *de C. odorata* 3,3% (p/v) (Levedura b + s.p.e. 3,3%)

10. 200 de inóculo + 200 µl de suspensão de *Candida* sp. (106 células/ml) em extrato estéril *de C. odorata* 2,5% (p/v) (Levedura b + s.p.e. 2,5%)

11. 200 µl de inóculo + 200 µl de suspensão de *Candida* sp. (10^7 células/ml) em extrato estéril *de C. odorata* 3,3% (p/v) (Levedura c + s.p.e. 3,3%)

12. 200 µl de inóculo + 200 µl de suspensão de *Candida* sp. (10^7 células/ml) em extrato estéril *de C. odorata* 2,5% (p/v) (Levedura c + s.p.e. 2,5%)

O ensaio foi efectuado duas vezes. Na experiência C1, foram incluídos os doze tratamentos acima mencionados, enquanto na experiência C2 foram incluídas as duas concentrações de *Candida* sp com melhor desempenho, ou seja, 10^6 e 10^7 células/ml, diluídas em água destilada e 2,5% de extrato estéril *de C. odorata* (Quadro 11):

Table 11: Tratamentos da experiência C2

1. 200 µl de inóculo + 200 µl de água destilada (Controlo)

2. 200 µl de inóculo + 200 µl de suspensão de *Candida* sp. (106 células/ml) em água destilada (Levedura b)

3. 200 µl de inóculo + 200 µl de suspensão de *Candida* sp. (107 células/ml) em água destilada (Levedura c)

4. 200 µl de inóculo + 200 µl de extrato estéril *de C. odorata* 3,3% p/v (S.p.e. 2,5%)

5. 200 µl de inóculo + 200 µl de suspensão de *Candida* sp. (106 células/ml) em extrato estéril *de C. odorata* 2,5%w/v (Levedura b + s.p.e.2,5%)

6. 200 µl de inóculo + 200 µl de suspensão de *Candida* sp. (107 células/ml) em extrato estéril *de C. odorata* 2,5%w/v (Levedura c + s.p.e. 2,5%)

Cada tratamento foi efectuado três vezes, em ambas as experiências. Os tubos foram colocados num agitador a 27° C (100 rpm), no escuro, durante 48 h e a avaliação foi efectuada por microscopia ótica, tal como nos ensaios anteriores (Experiências A e B).

Experimento D: Efeito do extrato aquoso *de C. odorata* e de *Candida* sp. no crescimento micelial de *A. brassicae*

Como mencionado no capítulo extractos de plantas como fungicidas (Capítulo D), a maior parte dos estudos *in vitro* realizados, foram relacionados com o efeito dos extractos de plantas no crescimento micelial dos agentes patogénicos testados. Assim, decidiu-se examinar as concentrações (do extrato e da *Candida* sp.) que tiveram melhor desempenho nos ensaios de germinação conidial (Experiências A, B e C). Na altura em que as Experiências A, B e C foram realizadas, já se conhecia o efeito significativo das soluções de extrato de *C. odorata* a 2,5 e 3,3% (p/v) e da suspensão de *Candida* sp. 10^6 células/ml na germinação de conídios. Por conseguinte, estas soluções e suspensões foram testadas.

O objetivo da experiência era o seguinte

- Examinar o efeito de i) extractos não esterilizados e esterilizados *de C. odorata* e ii) *Candida* sp. no crescimento micelial de *A. brassicae*.

Seguiu-se o procedimento de Al-Askar e Rashad (2010). Foram preparadas placas de Petri (9 cm de diâmetro) com ágar sumo de V8 recentemente autoclavado. Foram incluídos seis tratamentos diferentes (Quadro 12):

Table 12: Tratamentos da experiência D

1. água destilada (controlo)

2. 2,5% (p/v) de extrato não estéril *de C. odorata*

3. 2,5% (p/v) de extrato estéril *de C. odorata*

4. 3,3 % (m/v) de extrato não estéril *de C. odorata*

5. 3,3% (p/v) de extrato estéril *de C. odorata*

6. Suspensão de *Candida sp.* 106 células/ml

Todos os tratamentos foram preparados da mesma forma que nos ensaios anteriores.

Um volume de 200 µl de cada solução foi espalhado uniformemente sobre a superfície do ágar, em condições estéreis. As placas de Petri foram mantidas no banco LAF durante 5 minutos e, em seguida, foram retirados discos redondos de inóculos (1 cm de diâmetro) de culturas de *A. brassicae* com 20 dias de idade e colocados exatamente no meio de cada placa, com a superfície micelial virada para cima. Foram efectuadas duas repetições de cada tratamento e as 12 placas foram colocadas à temperatura ambiente, sem luz (Figura 15).

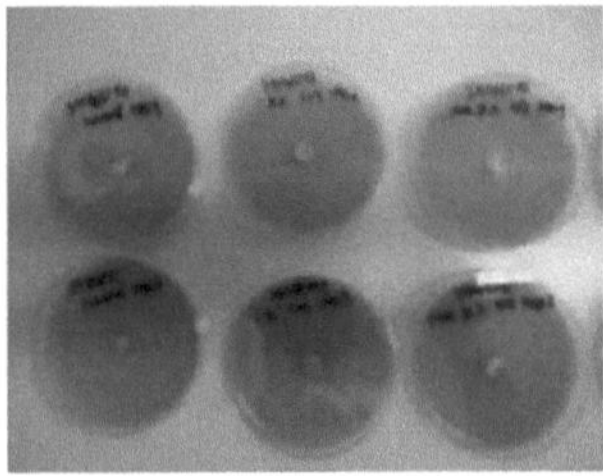

Fig. 15: Diferentes tratamentos com o disco de inóculo e o centro das placas de Petri (fotografias tiradas imediatamente após a colocação de o disco).

Todos os dias, o diâmetro do disco de inóculo do tratamento de controlo foi medido e a sua medição foi comparada com a do dia anterior. Aos 10 dias após o estabelecimento, o micélio de controlo não se expandiu em comparação com o dia 9, o que significa que atingiu o crescimento total. Por conseguinte, a avaliação final foi efectuada no 10º dia.

A atividade antifúngica foi expressa em percentagem de inibição micelial e calculada de acordo com a fórmula de Ameziane *et al.*, (2007):

$$\% \text{ mycelial inhibition} = \frac{(\text{Control diameter} - \text{treated diameter}) \times 100}{\text{Control diameter}}$$

E.ii) Resultados

Experiência A: Efeito de três concentrações do extrato aquoso *de C. odorata* na germinação de conídios *de A. brassicae*

A fim de examinar o efeito do extrato aquoso *de C. odorata*, foi realizada a experiência A.

Em geral, verificou-se um efeito inibitório significativo na germinação conidial por todas as concentrações de extrato em comparação com o controlo.

As concentrações 3,3 e 5% p/v mostraram as taxas de germinação mais baixas (37,1% e 39,5%, respetivamente) em comparação com o controlo (75,9%), enquanto a concentração mais baixa (2,5%) deu uma taxa de germinação conidial significativamente mais elevada (50,3%) em comparação com a concentração 3,3% (p/v) (Figura 15).

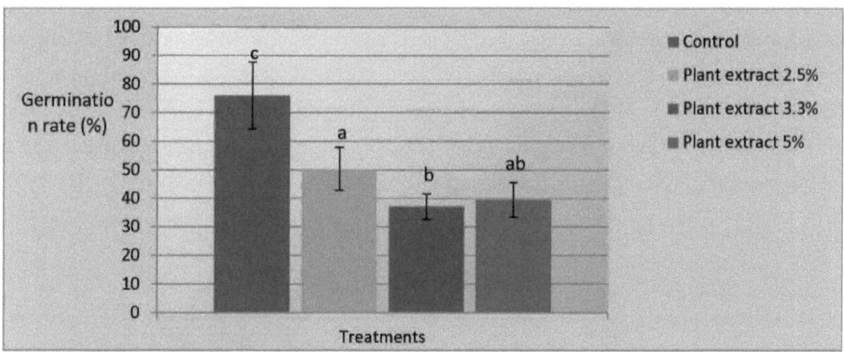

Fig. 15: Taxas médias de germinação (três repetições) de conídios de *A.brassicae* em água destilada (Controlo), 2,5% (p/v) de extrato *de C. odorata*, 3,3% (p/v) de extrato de *C. odorata* e 5% (p/v) de extrato *de C.odorata*. As colunas marcadas com a mesma letra não são significativamente diferentes (P<0,05).

Experimento B: Efeito do extrato aquoso estéril e não estéril *de C. odorata* na germinação de conídios de *A. brassicae*

A fim de examinar o efeito do extrato aquoso não estéril e estéril *de C. odorata* na germinação de conídios *de A. brassicae*, foi realizada a experiência B. A experiência foi realizada duas vezes.

Réplica 1

O tratamento com 3,3% de extrato não esterilizado resultou numa taxa de germinação significativamente mais baixa (33,6%) do que os outros tratamentos que não diferiram significativamente entre si (Figura 16).

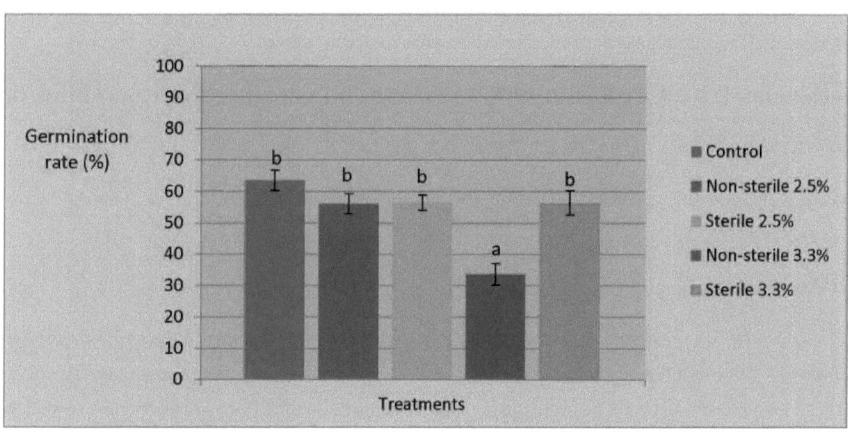

Fig. 16: Taxas médias de germinação (três repetições) da Experiência B de conídios de *A.brassicae* em água destilada (controlo), concentração de extrato não estéril *de C.odorata* a 3,3% (p/v) (Não estéril 3,3%), extrato estéril de *C.odorata* a 3,3% (p/v) (Estéril 3,3%), extrato não estéril de *C.odorata* a 2,5% (Não estéril 2,5%) e extrato estéril *de C.odorata* a 2,5% (p/v) (Estéril 2,5%). As colunas marcadas com a mesma letra não são significativamente diferentes (P<0,05).

Réplica 2

A taxa de germinação do tratamento de controlo foi significativamente mais elevada do que a de todos os tratamentos (65,7%). As soluções não esterilizadas de 3,3 e 2,5% deram as taxas de germinação significativamente mais baixas (29,2 e 36,7%, respetivamente) (mas não diferiram entre si) e ambas deram uma germinação significativamente mais baixa do que as suas respectivas contrapartes esterilizadas (56,5 e 57,3%, respetivamente) (Figura 17).

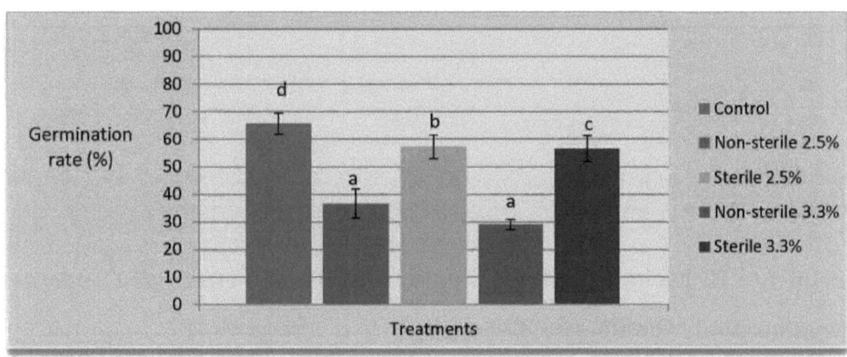

Fig. 17: Taxas médias de germinação (três repetições) da Experiência B de conídios de *A.brassicae* em água destilada (controlo), concentração de extrato de *C.odorata* não estéril a 3,3% (p/v) (Não estéril 3,3%), extrato *de C.odorata* estéril a 3,3% (p/v) (Estéril 3,3%), extrato de C.odorata não estéril a 2,5% (Não estéril 2,5%) e extrato *de C.odorata* estéril a 2,5% (p/v) (Estéril 2,5%). As colunas marcadas com a mesma letra não são significativamente diferentes (P<0,05).

Como conclusão das duas repetições da experiência, a solução não esterilizada a 3,3% (p/v) apresentou o efeito inibitório mais elevado na germinação conidial, enquanto a solução não esterilizada a 2,5% (p/v) teve um efeito significativo apenas na segunda repetição. Por outro lado, as soluções estéreis tiveram um efeito significativo apenas na segunda repetição, mas a um nível inferior ao das soluções estéreis.

Experiências C1 e C2: Efeito de *Candida* sp. na germinação de conídios de *A.brassicae*

A fim de examinar o efeito da suspensão de *Candida* sp. na germinação de conídios de *A. brassicae*, foram efectuadas as experiências C1 e C2.

Experiência C1

Todas as suspensões *de Candida* sp. tiveram um efeito significativamente inibitório na germinação conidial de *A. brassicae.* Entre as diferentes suspensões *de Candida* sp., 10^6 células/ml foi a que mais reduziu a taxa de germinação em comparação com o controlo (taxas de germinação de 36 e 77,7%, respetivamente), seguida de

10^7 e 10^5 células/ml.

O extrato estéril de *C. odorata*, quando aplicado sozinho, não reduziu significativamente a germinação em comparação com o controlo. Não foram observadas diferenças entre as concentrações dos dois extractos.

No entanto, quando as soluções estéreis foram misturadas com *Candida* sp., o efeito inibitório foi novamente aumentado ao mesmo nível significativo de suspensões *de Candida* sp. (Figura 18).

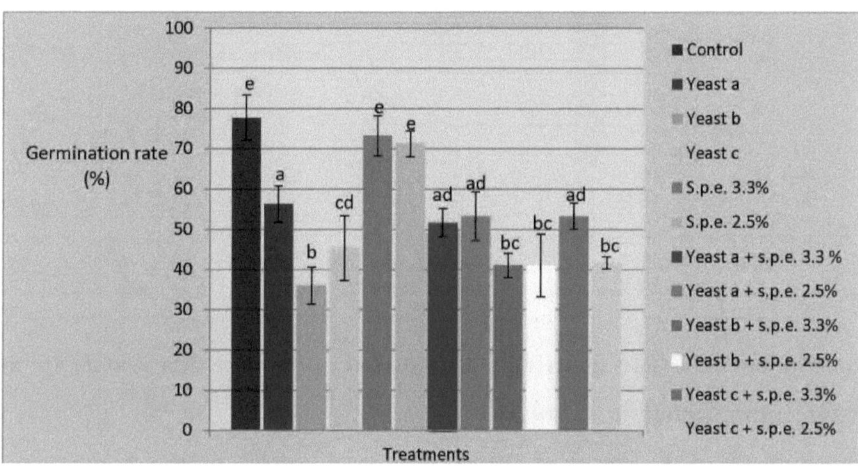

Fig. 18: Percentagens médias de germinação (três repetições) para conídios *de A. brassicae* em: água destilada (Controlo); *Candida* sp. a 10^5 células/ml em água destilada (Levedura a); *Candida* sp. a 10^6 células/ml em água destilada (Levedura b); *Candida* a 10^7 células/ml diluída em água destilada (Levedura c); 3.3% (p/v) de extrato estéril *de C.odorata* (S.p.e. 3,3%); 2,5% (p/v) de extrato estéril *de C.odorata* (S.p.e. 3,3%); *Candida* sp. a 10^5 células/ml em 3,3% (p/v) de extrato estéril de planta de *C.odorata* (Levedura a + s.p.e. 3,3%); *Candida* sp. a 10^5 células/ml em 2,5% (p/v) de extrato estéril *de C. odorata* (Levedura a + s.p.e. 2,5%); *Candida* sp. a 10^6 células/ml em 3,3% (p/v) de extrato estéril *de C. odorata* (Levedura b + s.p.e 3,3%); *Candida* sp. a 10^6 células/ml em 2,5% (p/v) *de* extrato estéril *de C. odorata* (Levedura b + e.p.s. 2,5%); *Candida* sp. a 10^7 células/ml em 3,3% (p/v) de extrato estéril *de C. odorata* (Levedura c + e.p.s. 3,3%); *Candida* sp. a 10^7 células/ml em 2,5% (p/v) de extrato estéril *de C. odorata* (Levedura c + e.p.s. 2,5%). As colunas marcadas com as mesmas letras não são significativamente diferentes ($P<0,05$).

Experiência C2

As suspensões de *Candida* sp. de 10^6 e 10^7 células/ml inibiram significativamente a germinação de esporos em comparação com o controlo, tendo 10^6 células/ml um efeito inibitório mais elevado do que 10^7 células/ml.

Também aqui, o extrato estéril de *C. odorata* não reduziu a taxa de germinação de conídios. No entanto, mais uma vez, quando o extrato estéril foi misturado com soluções de *Candida* sp., o efeito inibitório foi aumentado também para os mesmos níveis que nas suspensões de *Candida* sp. 10^6 e 10^7 células/ml (Figura 19).

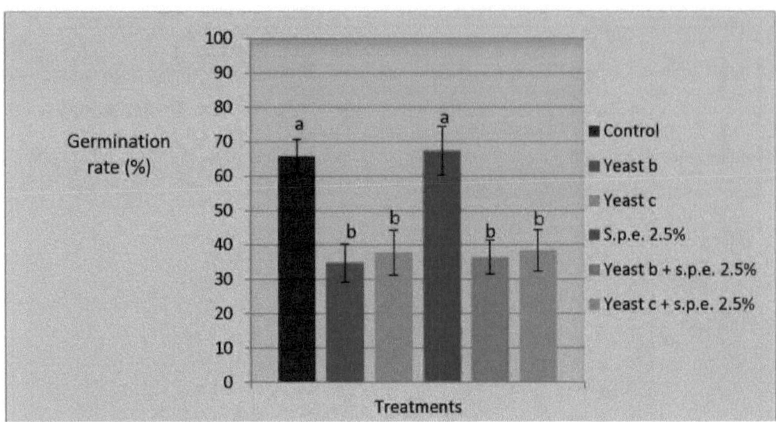

Fig. 19: Taxas médias de germinação (três repetições) da suspensão conidial *de A. brassicae* em: água destilada (Controlo); *Candida* sp. a 10^6 células/ml em água destilada (Levedura b); *Candida sp.* a 10^7 células/ml em água destilada (Levedura c); 2.5 (p/v) extrato estéril *de C.odorata* (S.p.e. 2,5%); *Candida* sp. a 10^6 células/ml em 2,5% (p/v) extrato estéril *de C. odorata* (Levedura b + s.p.e 2,5%); *Candida* sp. a 10^7 células/ml 2,5% (p/v) extrato estéril *de C. odorata* (Levedura c + s.p.e. 2,5%). As colunas marcadas com as mesmas letras não são significativamente diferentes (P<0,05).

Experimento D: Efeito do extrato aquoso *de C. odorata* e de *Candida* sp. no crescimento micelial de *A. brassicae*

A fim de examinar o efeito do extrato aquoso *de C. odorata* e de *Candida* sp. no crescimento micelial de *A. brassiace*, foi realizada a experiência D.

Entre os tratamentos, *a Candida sp.* (10^6 células/ml) inibiu a 100% o crescimento micelial e *a C. odorata* não esterilizada a 2,5 e 3,3 % (w/v) também reduziu significativamente o crescimento micelial.

Por outro lado, as soluções esterilizadas não tiveram qualquer efeito significativo em comparação com o controlo (Figuras 20-21).

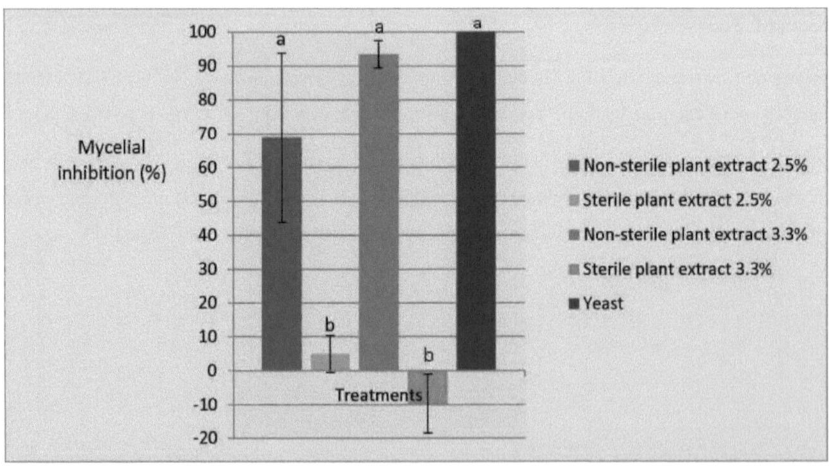

Fig. 20: Valores médios da inibição micelial de *A. brassiace* (duas réplicas) após cinco tratamentos: 2,5% (p/v) de extrato não estéril *de C. odorata* (Extrato não estéril da planta 2,5%); 2,5% (p/v) de extrato estéril *de C. odorata* (Extrato estéril da planta 2,5%); 3,3% (p/v) de extrato não estéril *de C. odorata* (extrato de planta não estéril 3,3%); 3,3% (p/v) extrato estéril *de C. odorata* (extrato de planta estéril 3,3%); suspensão de *Candida* sp. 10^6 células/ml (Levedura); água destilada (controlo). Por definição, a inibição micelial do controlo foi de 0%. As colunas marcadas com as mesmas letras não são significativamente diferentes (P<0,05).

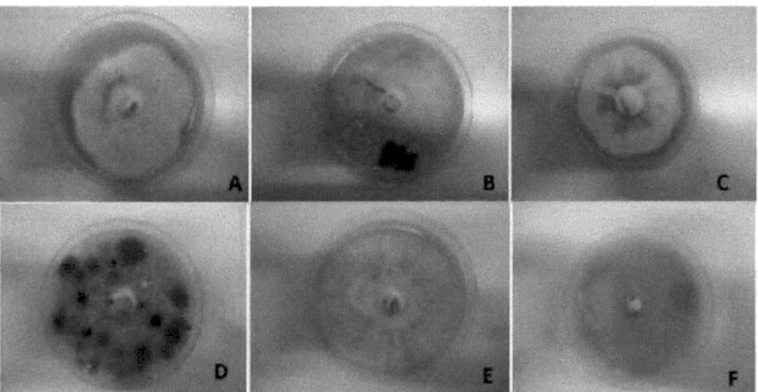

Fig. 21: Efeito de seis tratamentos diferentes no crescimento radial de *A. brassicae* aos 10 dias após a inoculação das placas. Controlo (A); 2,5% (p/v) de extrato não estéril *de C. odorata* (B); 2,5% (p/v) de extrato estéril *de C. odorata* (C); 3,3% /(p/v) de extrato não estéril *de C. odorata* (D): 3,3% (p/v) de extrato estéril *de C. odorata* (E); suspensão de *Candida* sp 10^6 cell/ml (F).

F) Experiências *in planta*

F.i) Materiais e métodos

Experimento E: Efeito de 2,5 e 3,3% (p/v) de extrato aquoso *de C. odorata*, bem como de 10^6 células/ml *de Candida* sp. na germinação de sementes de *Brassica napus*

Um dos primeiros pontos a testar, quando se examinam novas soluções ou compostos para o tratamento de sementes contra agentes patogénicos, é se têm ou não um efeito negativo na germinação das sementes das plantas em que são testadas. Devido à falta de sementes no caso da *Brassica oleracea*, a experiência seguinte foi realizada apenas para a *B. napus* (cv. Cabernet).

O objetivo da experiência era, portanto, o seguinte

- Investigar o efeito do extrato aquoso *de C. odorata* e *Candida* sp na germinação de sementes de *Brassica napus*.

Foram utilizadas 450 sementes de *Brassica napus* (cv. Cabernet), colhidas na quinta da Universidade. Foram preparados quatro tratamentos diferentes (Tabela 13) da mesma forma que na sessão *in vitro*.

Quadro 13: Tratamentos da experiência E

1. água destilada (controlo)

2. 2,5% (p/v) de extrato não estéril *de C. odorata*

3. 3,3% (p/v) de extrato não estéril *de C. odorata*

4. 106 células/ml Suspensão de *Cônüïdâ* sp

Um volume de 5 ml de cada tratamento foi colocado em quatro tubos de plástico de 50 ml separados. Em cada tubo, foram colocadas 50 sementes de *Brassica napus*. Foram efectuadas três repetições de cada tratamento.

Todos os tubos foram colocados numa incubadora com agitação a 27° C (100 rpm), no escuro, durante 24 h. As sementes tratadas foram uniformemente colocadas em caixas de plástico com papel de filtro embebido em água destilada. As caixas foram colocadas à temperatura ambiente (25° C) e à luz ambiente.

A avaliação da germinação foi efectuada a 1 DAS e a 3 DAS. As sementes germinadas foram contadas num total de 50 em cada repetição. A germinação foi considerada como tendo ocorrido quando a radícula emergiu através do revestimento da semente.

Experiência F: Efeito do extrato aquoso *de C. odorata* no crescimento de *Brassica napus* e *Brassica oleracea*

Para além da taxa de germinação das sementes, outro ponto importante a investigar é se o extrato da planta teve ou não algum efeito, negativo ou positivo, no crescimento das plantas.

O objetivo da experiência era o seguinte

E Examinar o efeito do extrato aquoso *de C. odorata* no crescimento de plantas de *Brassica napus* e *Brassica oleracea.*

Nesta experiência, foi utilizado um extrato aquoso *de C odorata* a 2,5% (p/v). Foi utilizado um total de 100 sementes de *Brassica napus* (cv. Cabernet) e 100 sementes de *Brassica oleracea* (cv. Robustor) para a experiência. O extrato da planta foi feito a partir de folhas saudáveis de *C.odorata*, tal como descrito acima (experiências *in vitro*). Cinquenta sementes de cada espécie testada foram embebidas com uma solução de água destilada (controlo) e as outras 50 sementes foram embebidas com 2,5% (p/v) de extrato aquoso *de C. odorata* (tratado), durante 24 horas. As sementes foram semeadas em vasos plásticos (3x3x3,5 cm) (uma semente por vaso), colocadas em bandejas e colocadas em uma câmara de crescimento com ciclos de 16 h de luz (200 μEm s^{-2-} 1, Philips Master IL-D 36 w/865, França)/23 °C/ 60% RH e 8 h de escuridão/20 °C/80 % RH. Aos 8 DAS, o estande de plantas foi desbastado para um número final de 30 plantas por bandeja.

Aos 25 dias após o estabelecimento do experimento, foram medidos os seguintes fatores vegetativos: comprimento do hipocótilo, largura dos cotilédones e largura das folhas verdadeiras. As medições foram realizadas com um paquímetro e as avaliações foram feitas em cada planta separadamente.

Experiência G: Efeito do extrato aquoso *de C. odorata* a 2,5% na incidência e severidade do míldio de Alternaria (*Alternaria brassicea*) em *B. napus* e *B. oleracea*, após tratamento de sementes

Na primeira avaliação da doença, foi testada a concentração de extrato anteriormente testada. Além disso, apenas o tratamento de sementes foi incluído na experiência.

O objetivo desta experiência foi o seguinte

- Investigar o efeito de 2,5% (p/v) de extrato aquoso *de C. odorata* na incidência e severidade do míldio de Alternaria (*Alternaria brassicae*) em cotilédones e folhas verdadeiras de *B. napus* e *B. oleracea*, após tratamento de sementes.

Um total de 160 sementes de *Brassica napus* (cv. Cabernet), colhidas na quinta da Universidade e 160 sementes de *Brassica oleracea* (cv. Robustor, Syngenta seeds B.V.), foram utilizadas para a experiência. Todas as sementes estavam isentas de qualquer tratamento fungicida. A preparação do extrato aquoso *de C. odorata* foi feita da mesma forma que a descrita acima.

Um total de 80 sementes de *B. napus* e 80 sementes de *B. oleracea* foram embebidas em dois tubos separados de 50 ml, cada um contendo 5 ml de extrato aquoso *de C. odorata* a 2,5% (p/v) (tratado).

As outras 80 sementes de cada espécie foram embebidas em dois tubos de plástico diferentes de 50 ml, cada um contendo 5 ml de água destilada (controlo). Todos os tubos foram incubados numa câmara de agitação a 27° C (100 rpm), no escuro, durante 24 h.

Após 24 h, as sementes foram semeadas em vasos de plástico (3x3x3,5 cm, colocados em tabuleiros), contendo solo e colocadas na mesma câmara de crescimento que anteriormente (Experiência F). Aos 8 DAS, o estande de plantas foi desbastado, deixando uma densidade de 50 plantas por bandeja.

As plantas foram inoculadas com *Alternaria brassicae* (isolados CP2123). Inóculo feito a partir de culturas com 20 dias de idade em sumo de ágar V8.

A inoculação foi efectuada a 20 DAS. Nesta altura, as plantas tinham dois cotilédones e foram inoculadas duas folhas verdadeiras. Foi utilizado um volume de 50 ml de inóculo (20.000 conídios/ml) para cada tabuleiro. A quantidade de inóculo foi decidida após as inoculações preliminares. Nestas inoculações, observou-se que esta quantidade é suficiente para pulverizar sem causar escorrimento. Os cotilédones e as folhas de *Brassica napus* e *Brassica oleracea* foram inoculados verticalmente. Foi adicionada uma gota de Tween 20 por cada 5 ml de suspensão para melhorar a capacidade de aderência dos conídios.

Logo após a inoculação, os tabuleiros foram cobertos com sacos de polietileno para manter a humidade relativa. Os tabuleiros foram novamente colocados na câmara, no escuro, durante 24 h. Após este período, a luz foi novamente ligada e os sacos foram abertos. Os tabuleiros foram deixados na câmara de crescimento durante dez dias. Após 10 dias, foram efectuadas avaliações da incidência e da gravidade da doença.

As avaliações foram efectuadas de acordo com Conn *et al.* (1990). Para a severidade da doença, foi avaliada a percentagem da área foliar coberta, enquanto que para a incidência da doença, foi registado se as plantas apresentavam ou não sintomas.

Experiência H: Efeito do extrato aquoso *de C.odorata* a 2,5 % (p/v) na incidência e severidade do míldio de Alternaria (*A. brassicae*) *em B. napus* e *B. oleracea,* após tratamento de sementes e foliar

A incidência e a gravidade da doença na experiência G foram relativamente mais elevadas nos cotilédones do que nas folhas. Por conseguinte, decidiu-se que as experiências seguintes deveriam incluir apenas cotilédones. O crescimento lento e a baixa taxa de esporulação de *A. brassicae* também contribuíram para esta decisão, pois era impossível preparar inóculo suficiente tanto para os cotilédones como para as folhas. Antes de realizar esta experiência, foram efectuados vários testes preliminares. Para além do tratamento de sementes, foi incluído o tratamento foliar e, após observação macroscópica, verificou-se que o tratamento foliar tinha um efeito inibidor na incidência da doença, especialmente em *B. oleracea.* Assim, nesta experiência foi incluído o tratamento foliar.

O objetivo da experiência era o seguinte

- Investigar o efeito do extrato *de C. odorata* a 2,5% na severidade e incidência do míldio de Alternaria (*A. brassicae*) em cotilédones de *B. napus* e *B. oleracea* após a aplicação em sementes e foliar.

O tratamento das plantas com sementes foi efectuado como descrito na experiência G. No entanto, desta vez foram incluídas 160 sementes de *B. napus* (cv. Cabernet) e 160 sementes de *B. oleracea* (cv. Robustor) para o tratamento foliar. Estas sementes foram semeadas (sem tratamento de sementes) para além das sementes tratadas como descrito acima. A gestão (desbaste, rega) dos tabuleiros foi a mesma até à inoculação.

O tratamento foliar foi efectuado um dia antes da inoculação, da mesma forma que a inoculação foi realizada. O extrato de *C. odorata* (2,5%, p/v) foi preparado da mesma forma que em todas as experiências e o dispositivo de pulverização foi o mesmo que o utilizado para a inoculação. Além disso, a quantidade de extrato pulverizado foi a mesma que a quantidade de inóculo (25 ml para cada tratamento). Para as plantas de controlo, o tratamento foliar foi realizado com água destilada. As plantas tratadas foliarmente foram cobertas com sacos de polietileno e colocadas na câmara de crescimento, sem luz, durante 24 horas (até à inoculação) para evitar a evaporação do extrato das superfícies dos cotilédones.

A concentração de inóculo utilizada foi inferior à das experiências anteriores, *ou seja,* 12.000 esporos/ml. A inoculação e a avaliação foram efectuadas como descrito na experiência G.

Experiência I: Efeito do extrato aquoso *de C.odorata* a 3,3% (p/v) e de 10^6 células/ml de suspensão de *Candida* sp. na incidência e severidade do míldio de Alternaria (*Alternaria brassicae*) em *Brassica napus* e *B.oleracea* após tratamento de sementes e foliar

Nas duas experiências anteriores, foi utilizado um extrato aquoso de *C. odorata* a 2,5% (p/v). No entanto, de acordo com as experiências *in vitro*, uma concentração de extrato de 3,3% p/v e *Candida* sp. (10^6 células/ml) poderiam inibir a germinação conidial e o crescimento micelial *de A. brassicae*. Por conseguinte, seria interessante testar estas soluções, *in planta*, contra o agente patogénico.

Os objectivos desta experiência foram os seguintes

I Investigar o efeito do extrato aquoso *de C. odorata* a 3,3% (p/v) na incidência e severidade do míldio de Alternaria (*A. brassicae*) em cotilédones de *Brassica napus* e *B. oleracea*, após tratamentos de sementes e foliares.

- Investigar o efeito de uma solução de *Candida* sp (106 células/ml) na incidência e severidade do míldio de Alternaria (*Alternaria brassicae*) em cotilédones de *Brassica napus* e *B. oleracea*, após tratamentos de sementes e foliares.

A preparação das suspensões de inóculo, da suspensão de *Candida* sp e do extrato aquoso *de C. odorata* foi feita como descrito nas experiências anteriores *in vitro* (Experiências A e C) e *in planta*. Além disso, os métodos seguidos para o tratamento de sementes e foliar foram os mesmos, tanto para o extrato de *C. odorata* como para *Candida* sp (Experiência H). A gestão (desbaste, rega) dos tabuleiros foi a mesma até à inoculação.

A diferença em relação às experiências anteriores foi que, nesta experiência, a concentração de inóculo do agente patogénico foi relativamente baixa em comparação com as experiências anteriores, ou *seja*

3.000 esporos/ml. Além disso, nesta experiência foram utilizadas sementes de *B. oleracea* da cv. Danish ballhead foram utilizadas, devido à falta de sementes de Robustor. Foi utilizado um total de 320 sementes de cada espécie.

A inoculação foi novamente efectuada 10 DAS, enquanto o tratamento foliar de *C. odorata* e *Candida* sp. foi realizado um dia antes da inoculação. As avaliações foram efectuadas 10 dias após a inoculação (DAI).

Experiência J: Determinação da atividade de β-1,3-glucanase em *B. napus* em resposta à inoculação com *A. brassicae* e tratamentos de sementes e foliares com extrato aquoso de *C. odorata* e *Candida* sp.

Para testar se os tratamentos com o extrato de *Candida* sp. de *C. odorata* eram capazes de aumentar as respostas de defesa nas plantas, a atividade da β-1,3-glucanase foi utilizada como marcador.

Os objectivos da experiência eram os seguintes

I Investigar se o tratamento de sementes e foliar com extrato aquoso *de C. odorata* foi capaz de induzir a atividade de β-1,3-glucanase em cotilédones de *B. napus*, após infeção por *A. brassicae*.

- Investigar se o tratamento de sementes e foliar com *Candida* sp. (106 células/ml) foi capaz de induzir a atividade de β-1,3-glucanase em cotilédones de *B. napus*, após infeção por *A. brassicae*.

Um total de 360 sementes de *B. napus* (cv. Cabernet) foram usadas para o experimento, separadas em seis conjuntos de 60 sementes cada. Dois conjuntos (120 sementes) foram utilizados para o tratamento de controlo (sem tratamento de sementes ou foliar), outros dois conjuntos foram tratados com sementes com extrato aquoso *de C. odorata* a 3,3% (p/v) acabado de fazer e os últimos dois conjuntos foram utilizados para o tratamento foliar. A preparação do extrato da planta teve lugar como mencionado acima (Experiências *in vitro*)

Após o tratamento das sementes de dois conjuntos, todas as sementes foram semeadas ao mesmo tempo. Cada conjunto foi semeado num tabuleiro diferente, como mencionado acima (Experiências H). O tratamento foliar, com extrato de *C. odorata*, foi realizado da mesma forma que nas experiências de avaliação de doenças (Experiências G, H e I) aos 9 DAS para os dois conjuntos de tratamento foliar.

Um tabuleiro de cada tratamento foi inoculado com uma suspensão de *A. brassicae* acabada de fazer (25 ml). Os cotilédones foram inoculados verticalmente e até ao escorrimento no dia 10 DAS com uma concentração de inóculo de 2.000 esporos/ml. Após a inoculação, os tabuleiros foram cobertos com sacos de polietileno e colocados na câmara de crescimento sem luz durante 24 h. No dia seguinte, os sacos foram abertos e a luz acesa.

Este procedimento conduziu a seis tratamentos diferentes, cada um num tabuleiro separado (quadro 13).

Table 13: Lista dos tratamentos para o extrato de *C. odorata*.

Tratamentos
A) Controlo não inoculado (NON-INOC C)
B) Controlo inoculado (INOC C)
C) Não inoculado após tratamento de sementes com 3,3% (p/v) de extrato de *C. odorata* (NON-INOC S.T.)
D) Inoculadas após tratamento de sementes com 3,3 % (p/v) de extrato de *C. odorata* (INOC S.T.)
E) Não inoculado após tratamento foliar com 3,3% (p/v) de extrato de *C. odorata* (NON- INOC F.T.)
F) Inoculadas após tratamento foliar com 3,3% (p/v) de extrato de *C. odorata* (INOC F.T.)

As amostras de cotilédones de cada tabuleiro foram colhidas em cinco momentos diferentes, *ou seja,* aos 0, 1, 3, 5 e 7 D.A.I. De cada vez, foram colhidos 20% dos cotilédones de cada tabuleiro. Os cotilédones foram imediatamente congelados em azoto líquido e transferidos para um congelador a -80° C.

A experiência foi repetida mais uma vez. Aqui, em vez do extrato aquoso de *C. odorata*, foi utilizada uma suspensão de *Candida* sp (10^6 células/ml) (preparada da mesma forma que na experiência C) para os tratamentos de sementes e foliares. Além disso, os outros factores (número de sementes, número final de plantas, concentração do inóculo, pontos de tempo de colheita, *etc.*) foram os mesmos. Para a experiência *Candida* sp., os tratamentos foram os indicados no quadro 14:

Table 14: Lista de tratamentos para a experiência com *Candida* sp.

Tratamentos

A) **Controlo não inoculado (NON-INOC C)**

B) **Controlo inoculado (INOC C)**

C) **Não inoculado após tratamento de sementes com suspensão de *Candida* sp. (NON-INOC S.T.)**

D) **Inoculado após tratamento de sementes com suspensão de *Candida* sp. (INOC S.T.)**

E) **Não inoculado após tratamento foliar com suspensão de *Candida* sp. (NON-INOC F.T.)**

F) **Inoculadas após tratamento foliar com suspensão de *Candida* sp. (INOC F.T.)**

Para ambas as experiências, a determinação da atividade da β-1,3-glucanase foi cuidadosamente conduzida conforme descrito por Isaac e Gokhale (1982).

F.ii) Resultados

Experimento E: Efeito do extrato aquoso *de C. odorata* a 2,5 e 3,3% (p/v), bem como de 10^6 células/ml *de Candida* sp. na germinação de sementes de *Brassica napus*

A fim de examinar o efeito do extrato aquoso *de C. odorata* e de *Candida* sp. na germinação de sementes de *B. napus*, foi realizada a experiência E.

1 DAS

Não foi observado nenhum efeito significativo dos extractos aquosos *de C. odorata* (2,5 e 3,3%) e *Candida sp.* na germinação das sementes. Todos os tratamentos mostraram taxas de germinação extremamente altas mesmo a 1 DAS (Figura 22).

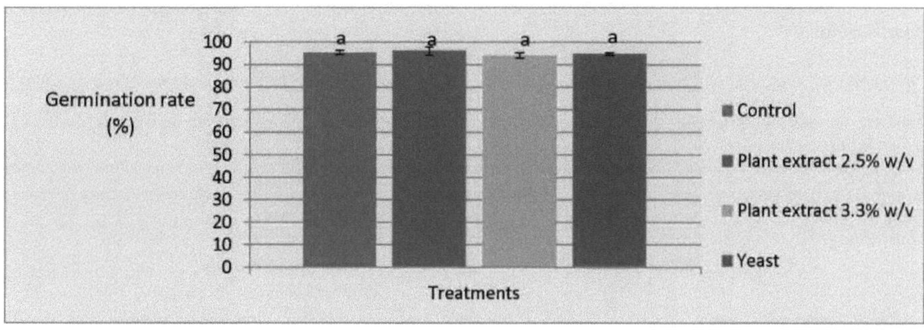

Fig. 22: Valores médios (três repetições) da germinação de sementes de *Brassica napus* na Experiência E, a 1 DAS, após quatro tratamentos de sementes diferentes: água destilada (controlo); 2,5% (p/v) de extrato aquoso *de C. odorata* (Extrato de planta 2,5% p/v); 3,3% (p/v) de extrato aquoso *de C. odorata* (Extrato de planta 3,3%, p/v): 10^6 células/ml de suspensão de *Candida* sp. (Levedura). As colunas marcadas com as mesmas letras não são significativamente diferentes (P<0,05).

3 DAS

Não foram observadas diferenças significativas entre os diferentes tratamentos de sementes (Figura 23).

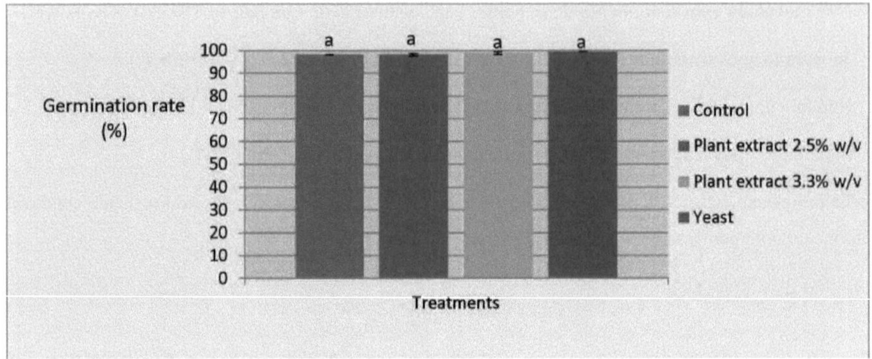

Fig. 23: Valores médios (três repetições) da germinação de sementes de *Brassica napus* na Experiência E, aos 3 DAS, após quatro diferentes: água destilada (controlo); 2,5% (p/v) de extrato aquoso *de C. odorata* (Extrato de planta 2,5% p/v); 3,3% (p/v) de extrato aquoso *de C. odorata* (Extrato de planta 3,3% p/v); 10^6 células/ml de suspensão de *Candida* sp. (Levedura). As colunas marcadas com as mesmas letras não são significativamente diferentes (P<0,05).

Como conclusão, o extrato de *C. odorata* e *Candida* sp. não afectaram a taxa de germinação de *B. napus* nas condições experimentais.

Experiência F: Efeito do extrato aquoso *de C. odorata* no crescimento de *Brassica napus* e *Brassica oleracea*

A fim de examinar o efeito do extrato aquoso *de C. odorata* no crescimento da planta *B. napus*, foi realizada a experiência F. A experiência foi realizada duas vezes.

Replicação 1

Em ambas as espécies, não houve efeito significativo do extrato nos três factores de crescimento da planta testados, ou seja, comprimento do hipocótilo, largura do cotilédone e largura verdadeira da folha (Quadro 15).

Tabela 15: Comprimento médio do hipocótilo, largura do cotilédone e largura verdadeira da folha (em mm) de *Brassica napus* e *Brassica oleracea* na Experiência F após 25 DAS depois de dois tratamentos de sementes diferentes com 2,5% (p/v) de extrato de *C. odorata* ou água destilada (controlo).

Tratamentos	Comprimento do hipocótilo				Largura do cotilédone				Largura real da folha			
	Brassica napus		*Brassica oleracea*		*Brassica napus*		*Brassica oleracea*		*Brassica napus*		*Brassica oleracea*	
C. odorata	22.7+4.7	a	15.2+3.9	a	24.1+4.5	a	25.7+4.6	a	30.0+4.2	a	20.2+4.6	a
Controlo	21.6+5.2	a	15.0+4.3	a	22.5+4.0	a	25+3.7	a	29.1+3.8	a	17.9+3.6	a

As médias numa coluna seguidas pela mesma letra não são significativamente diferentes (P<0,05).

Replicação 2

Na segunda repetição, a largura do cotilédone foi significativamente maior para o tratamento de controlo em comparação com o tratado em ambas as espécies. Por outro lado, o comprimento do hipocótilo foi significativamente aumentado pelo extrato aquoso *de C. odorata* em *B. napus*, enquanto que não foram observadas diferenças em *B. oleracea*.

Tabela 16: Comprimento médio do hipocótilo, largura do cotilédone e largura verdadeira da folha (em mm) de *Brassica napus* e *B. oleracea* na Experiência F após 25 DAS depois de tratamentos de sementes com 2,5% (p/v) de extrato *de C. odorata* ou água destilada (controlo).

Tratamentos	Comprimento dos hipocótilos				Largura do cotilédone				Largura das folhas verdadeiras			
	Brassica napus		*Brassica oleracea*		*Brassica napus*		*Brassica oleracea*		*Brassica napus*		*Brassica oleracea*	
Extrato de *C. odorata*	22.6+4,5	a	13.2+4.1	a	20.8+4.9	a	21.2+4.9	a	25.3+3.4	a	22.3+5.3	a
Controlo	19.8+4.2	b	12.4+3.8	a	23.1+3.6	b	22.9+4.6	b	25.9+4.2	a	22.0+4.3	a

As médias numa coluna seguidas pela mesma letra não são significativamente diferentes (P<0,05).

Como conclusão, foram observadas diferenças significativas apenas na replicação 2, onde o extrato de *C. odorata* a 2,5% inibiu a largura dos cotilédones em ambas as plantas e aumentou o comprimento dos hipocótilos em *Brassica napus*.

Experiência G: Efeito do extrato aquoso *de C. odorata* a 2,5% na incidência e severidade do míldio de Alternaria (*Alternaria brassicea*) em *B. napus* e *B. oleracea*, após tratamento de sementes

A fim de investigar o efeito do extrato aquoso *de C. odorata* na incidência e severidade da doença de Alternaria blight (*A. brassicae*) em *B. napus* e *B. oleraceae*, foi realizada a experiência G.

Incidência da doença

Não houve diferenças significativas entre as folhas (cotilédones e primeiras folhas verdadeiras) ou entre os tratamentos (extrato de *C. odorata* e controlos) para *B. napus* (Figura 24).

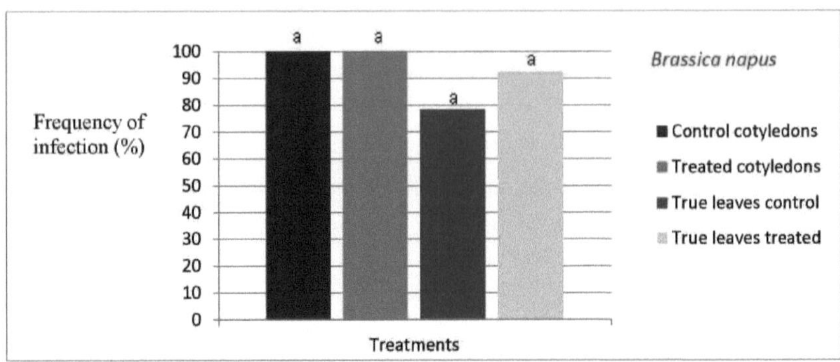

Fig. 24: Frequência da infeção por Alternaria blight em cotilédones e folhas verdadeiras de *Brassica napus* após dois tratamentos de sementes na Experiência G, *i.e.*, água destilada (Controlo) ou extrato aquoso *de C. odorata* a 2,5% (Tratado). As colunas marcadas com as mesmas letras não são significativamente diferentes (P<0,05).

O mesmo padrão foi observado para *B. oleracea, ou seja,* não houve diferenças significativas entre as folhas dos tratamentos (Figura 25).

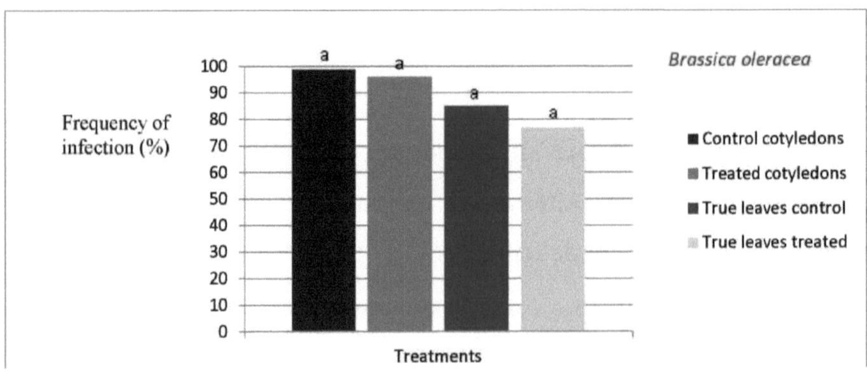

Fig. 25: Frequência da infeção por Alternaria blight em cotilédones e folhas verdadeiras de *Brassica oleracea* após dois tratamentos de sementes, *i.e.*, água destilada (Controlo) ou extrato aquoso *de C. odorata* a 2,5% (Tratado) na Experiência G. As colunas marcadas com as mesmas letras não são significativamente diferentes (P<0,05). .

Gravidade da doença

Relativamente à gravidade da doença, não se registaram diferenças entre os tratamentos tanto em *B. napus* como em *B. oleracea.* O extrato de *C. odorata* não teve qualquer efeito sobre a gravidade da doença (quadro 15).

Quadro 15: Severidade da doença de Alternaria blight (percentagem de área foliar infetada) em cotilédones e folhas de *B. napus* e *B. oleracea* na experiência G.

Tratamentos	***Brassica napus***			***Brassica oleracea***		
	Cotilédones	**Verdadeiro**	**beirais**	**Cotilédones**	**Verdadeiro**	**beirais**

C. odorata 2,5% p/v	30.1+18.7	a	8.5+6.7	a	18.8+15	a	5.1+5.9	a
Controlo	33.7+21.2	a	7.3+7.1	a	15.3+12.2	a	5.2+4.6	a
Valor de p	0.3069		0.1140		0.2171		0.8520	

As médias numa coluna seguidas pela mesma letra não são significativamente diferentes (P<0,05).

Experiência H: Efeito do extrato aquoso *de C.odorata* a 2,5 % (p/v) na incidência e severidade do míldio de Alternaria (*A. brassicae*) *em B. napus* e *B. oleracea*, após tratamento de sementes e foliar

A fim de examinar o efeito do extrato aquoso *de C. odorata* na incidência e severidade da doença de Alternaria blight (*A. brassicae*), foi realizada a experiência H.

Incidência da doença

O tratamento das sementes com extrato de C. odorata não alterou significativamente a frequência de infeção nos cotilédones de *B. napus* ou *B. oleracea* (Figura 26).

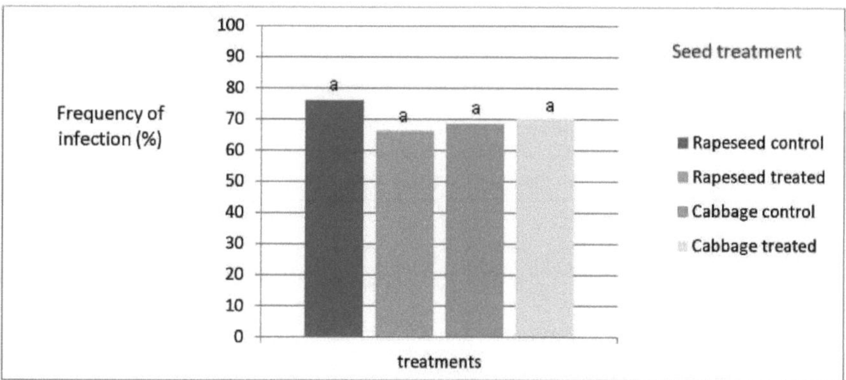

Fig. 26: Frequência da infeção por Alternaria blight em cotilédones de *B. napus* (colza) e *B. oleracea* (couve) após tratamento de sementes com água destilada (controlo) ou 2,5% (p/v) de extrato *de C. odorata* (tratado) na Experiência H. Colunas marcadas com o

letras iguais não são significativamente diferentes (P<0,05).

Ao contrário do tratamento de sementes, o tratamento foliar teve um efeito redutor significativo na incidência da praga de Alternaria nos cotilédones de *B. oleracea* em comparação com os outros tratamentos (Figura 27). Para *B. napus*, não foi observado qualquer efeito.

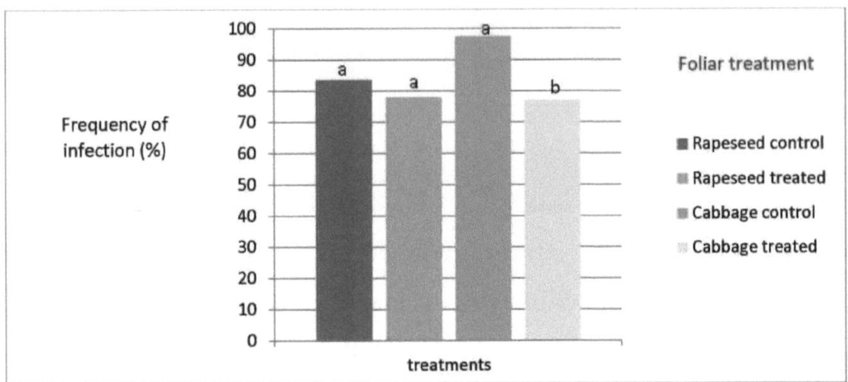

Fig. 27: Frequência da infeção por Alternaria blight em cotilédones de *B. napus* (colza) e *B. oleracea* (couve) sob tratamento foliar com: água destilada (controlo); 2,5% (p/v) de extrato *de C. odorata* (tratado). As colunas marcadas com as mesmas letras não são significativamente diferentes (P<0,05).

Gravidade da doença

A diferença significativa que foi observada na incidência da doença do tratamento foliar em *B. oleracea* também foi observada para a severidade da doença (Tabela 16). O extrato de *C. odorata* diminuiu a severidade da doença em comparação com o controlo de 30,9 para 8,1%. Não foi observado qualquer efeito para os tratamentos de sementes ou foliares de *B. napus.*

Quadro 16: Severidade da praga de Alternaria (percentagem de área foliar infetada) em cotilédones de *B. napus* e *B. oleracea* após tratamento de sementes e foliar com 2,5% (p/v) de extrato aquoso *de C. odorata* e água destilada (controlo).

Tratamentos	Tratamento de sementes				Tratamento foliar			
	B. napus		*B. oleracea*		*B. napus*		*B. oleracea*	
Extrato de *C. odorata*	11.2+10.5	a	11.6+10.9	a	6.9+6.1	a	8.1+7.5	a
Controlo	12.6+9.2	a	11.1+10.8	a	8.9+6.5	a	30.9+19.1	b
Valor de p	0.3784		0.8353		0.0701		<0.0001	

As médias numa coluna seguidas pela mesma letra não são significativamente diferentes (P<0,05).

Experiência I: Efeito do extrato aquoso *de C.odorata* a 3,3% (p/v) e de 10^6 células/ml de suspensão de *Candida* sp. na incidência e severidade do míldio de Alternaria (*A. brassicae*) em *Brassica napus* e *B.oleracea* após tratamento de sementes e foliar

A fim de examinar o efeito do extrato aquoso *de C. odorata* e da suspensão de *Candida* sp. na incidência e severidade da doença de Alternaria blight (*A. brassicae*), foi realizada a experiência H.

Incidência da doença

Para os tratamentos de sementes e foliares, não foram observadas diferenças significativas entre os tratamentos em *B. napus* (Figura 28).

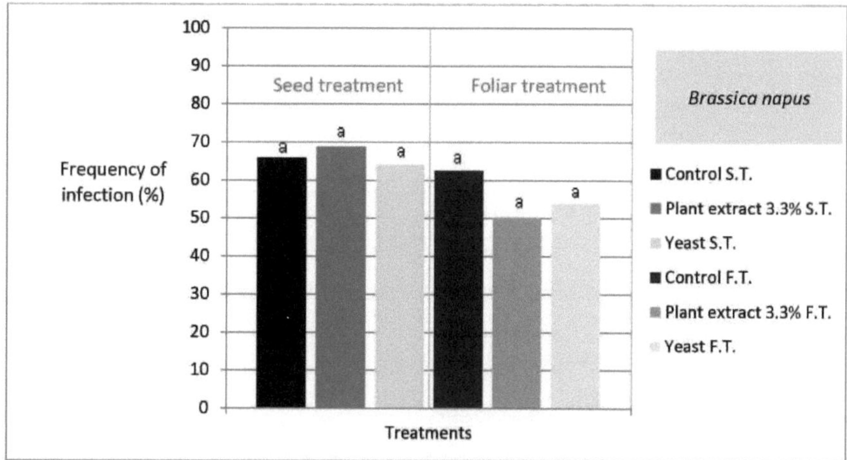

Fig 28: Frequência da infeção por Alternaria blight nos cotilédones *de B. napus* na Experiência I após tratamento de sementes (S.T.) e tratamento foliar (F.T.) com água destilada (controlo), extrato de *C. odorata* a 3,3% (p/v) (extrato de planta a 3,3%) ou uma suspensão de *Candida* sp (10^6 células/ml). A análise foi realizada separadamente para os tratamentos de sementes e foliar. As colunas marcadas com as mesmas letras não são significativamente diferentes (P<0,05).

Também em *B. oleracea*, não se registaram diferenças significativas entre os tratamentos. (Figura

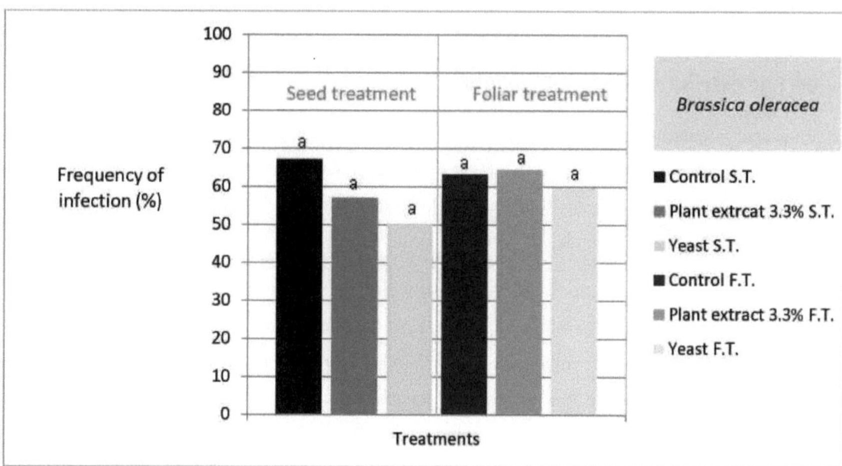

Fig. 29: Frequência da infeção por Alternaria blight em cotilédones *de B. oleracea* após tratamento de sementes (S.T.) e tratamento foliar (F.T.) com água destilada (controlo), extrato de *C. odorata* a 3,3% (p/v) (extrato de planta a 3,3%) ou uma suspensão de *Candida* sp (10^6 células/ml). A análise foi efectuada separadamente para os tratamentos de sementes e foliares. As colunas marcadas com as mesmas letras não são significativamente diferentes

(P<0,05).

Gravidade da doença

Verificou-se um nível geralmente baixo de infeção devido a uma baixa concentração de inóculo. Não se registaram diferenças significativas entre os tratamentos (quadro 17).

Quadro 17: Severidade do míldio de Alternaria (percentagem da área foliar infetada) em cotilédones de *B. napus* e *B. oleracea* na Experiência I após tratamento foliar e de sementes com água destilada (controlo), extrato de *C. odorata* a 3,3% (p/v) ou uma suspensão de *Candida* sp. a 10^6 células/ml

Tratamentos	Pulverização foliar				Tratamento de sementes			
	B. napus		*B. oleracea*		*B. napus*		*B. oleracea*	
Extrato de *C. odorata*	3.7+3.7	a	3.1+2.9	a	4.1+4.1	a	3.2+3.2	a
***Candida* sp. (106 células/ml)**	3.1+3.0	a	3.4+3.3	a	4.1+3.7	a	2.9+2.8	a
Controlo	4.2+4.1	a	3.5+3.4	a	4.5+3.8	a	3.5+3.4	a
Valor de p	0.2769		0.7843		0.7343		0.5441	

As médias numa coluna seguidas pela mesma letra não são significativamente diferentes (P<0,05).

Experiência J: Determinação da atividade de β-1,3-glucanase em *B. napus* em resposta à inoculação com *A. brassicae* e tratamentos de sementes e foliares com extrato aquoso de *C. odorata* e *Candida* sp.

A fim de determinar a atividade da β-1,3-glucanase em *B. napus* em resposta à inoculação com *A. brassicae* e aos tratamentos de sementes e foliares com extrato aquoso de *C. odorata* e *Candida* sp. foi realizada a experiência J.

3,3% (p/v) de extrato aquoso *de C. odorata*

No dia 0 após a inoculação, o tratamento foliar inoculado aumentou a atividade específica, seguido do tratamento de controlo não inoculado, do tratamento foliar não inoculado, do tratamento de sementes não inoculado, do tratamento de sementes inoculado e do controlo inoculado. Foram observadas diferenças significativas entre todos os tratamentos.

No primeiro dia após a inoculação, a atividade específica do tratamento de controlo inoculado foi significativamente superior a todos os outros tratamentos. Os tratamentos inoculados foliarmente e o controlo não inoculado não apresentaram diferenças significativas entre si, mas mostraram uma atividade significativamente mais elevada do que os restantes tratamentos, ou seja, o tratamento de sementes não inoculado, o tratamento de sementes inoculado e o tratamento foliar não inoculado.

No terceiro dia após a inoculação, a atividade específica do tratamento de sementes inoculado foi significativamente superior à do tratamento de sementes não inoculado. Quanto ao controlo inoculado e ao tratamento foliar inoculado, ambos foram significativamente mais elevados do que o controlo não inoculado e o tratamento foliar não inoculado.

No dia 5 após a inoculação, o tratamento foliar não inoculado apresentou uma atividade significativamente mais elevada em comparação com todos os outros tratamentos, seguido do controlo não inoculado, que também apresentou diferenças significativas em comparação com os outros tratamentos.

No dia 7 após a inoculação, o tratamento de sementes não inoculado foi significativamente superior a todos os outros tratamentos. O controlo não inoculado e o tratamento foliar inoculado foram significativamente mais elevados do que o controlo inoculado, o tratamento foliar não inoculado e o tratamento de sementes inoculado (Figura 30).

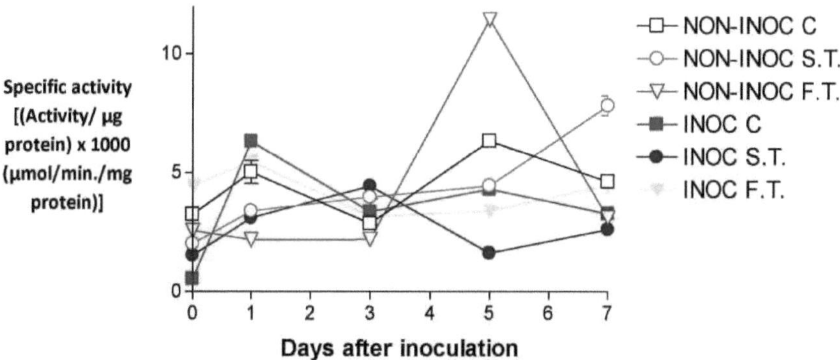

Fig. 30: Atividade específica de β-1,3-glucanase (média de duas repetições) de cotilédones *de B. napus* inoculados (INOC) e não inoculados (NON-INOC) aos 0, 1, 3, 5 e 7 DAI, após nenhum tratamento (controle C) e tratamento com 3,3% (p/v) de extrato de C. *odorata* aplicado como tratamento de sementes (S.T.) ou tratamento foliar (F.T.).

Candida sp. (10^6 células/ml)

No dia 0 após a inoculação, foram observadas diferenças significativas entre todos os tratamentos. A atividade específica mais elevada foi observada no tratamento com sementes inoculadas, seguida do tratamento com sementes não inoculadas e do tratamento foliar não inoculado.

No dia 1 após a inoculação, o controlo inoculado apresentou uma atividade específica significativamente mais elevada em comparação com os outros tratamentos. Os tratamentos foliares apresentaram uma atividade específica mais elevada do que o controlo não inoculado e o tratamento de sementes não inoculado.

No terceiro dia após a inoculação, o tratamento de controlo inoculado apresentou uma atividade específica significativamente mais elevada em comparação com todos os tratamentos. O controlo não inoculado e o tratamento foliar inoculado apresentaram uma atividade específica significativamente mais elevada em comparação com o tratamento de sementes inoculado, o tratamento de sementes não inoculado e o tratamento foliar não inoculado.

No dia 5 após a inoculação, o controlo inoculado mostrou uma atividade específica significativamente mais elevada em comparação com todos os outros tratamentos. O controlo não inoculado e o tratamento de sementes inoculado foram significativamente mais elevados do que os tratamentos de sementes e foliares não inoculados.

No sétimo dia após a inoculação, o tratamento foliar inoculado foi significativamente superior a todos os outros tratamentos. Em seguida, o controlo não inoculado foi significativamente superior ao tratamento de sementes inoculado, que também foi significativamente diferente do controlo inoculado e dos tratamentos de sementes e foliares não inoculados (Figura 31).

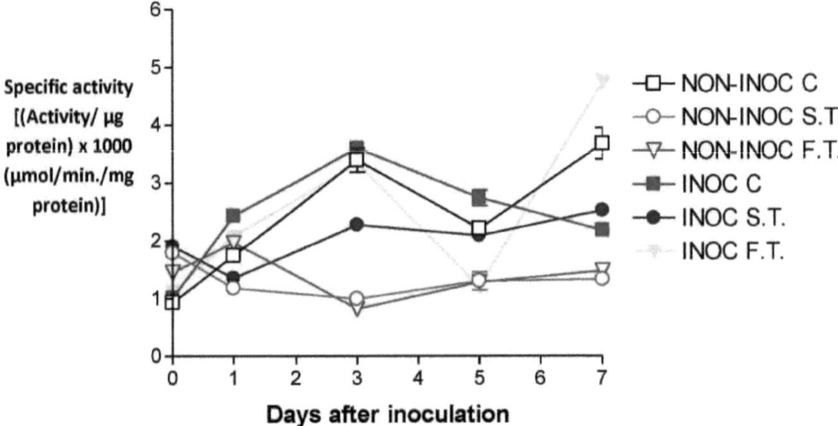

Fig 31: Médias da atividade específica da b-1,3-glucanase (duas réplicas) de cotilédones *de B. napus* inoculados (INOC) e não inoculados (NON-INOC) aos 0, 1, 3, 5 e 7 dias após a inoculação (D.A.I.), sem tratamento (controlo C) e com dois tratamentos de *Candida* sp.: tratamento de sementes (S.T.); tratamento foliar (F.T.).

V) Discussão

O míldio de Alternaria (*A. brassicae*) é uma das principais doenças da família *Brassicaceae*, registada na maioria dos locais onde crescem espécies de *Brassica* (Srivastava et al., 2011). Vários investigadores registaram perdas de rendimento elevadas (Conn *et al*., 1990; Hong e Fitt, 1996; Meena *et al*., 2010; Chattopaddhyay *et al*., 2005; Sakhawatand Hosain, 2010). O desenvolvimento da doença é altamente influenciado pelas condições meteorológicas, especialmente a humidade (Meena *et al*., 2010). Embora vários fungicidas químicos tenham sido testados *in vitro* e *in planta* para o controlo de doenças (Surviliene e Dambrauskiene, 2006; Sakhawat e Hosain, 2010: Khan *et al*., 2007), há uma necessidade crescente de desenvolver medidas de controlo amigas do ambiente (Meena *et al*., 2010). Vários produtos naturais derivados (*por exemplo,* extractos de plantas) e organismos, *ou seja*, agentes de biocontrolo microbianos (MBCA), foram examinados quanto à sua potencial atividade antifúngica contra *A. brassicae* (Nagar, 2011; Baka, 2010; Skeikh e Agnihorti, 1972; Vishwanath, 1999). Vários cientistas realizaram testes *in vitro* e *in planta* com vários tipos de extractos (aquoso, clorofórmio, óleos, metanol, etanol) de diferentes partes de plantas (folhas, raízes, caules, troncos) contra diferentes agentes patogénicos (Kim *et al*., 2004; Ameziane *et al*., 2007; Goufo *et al*., 2008; Khoa *et al*., 2011).

Este foi o primeiro estudo realizado sobre as actividades antifúngicas do extrato *de C. odorata* contra *A. brassicae* em duas espécies *de Brassica*, *B. napus* e *B. oleracea.C. odorata* é uma erva daninha distribuída principalmente na América, Ásia e África (Koutika e Riney, 2010) e um extrato aquoso demonstrou ser eficaz contra quatro agentes patogénicos do arroz, *ou seja*, *Rhizoctonia solani*, *Pyricularia oryzae*, *Bipolaris oryzae* e *Xanthomonas oryzae* (Khoa *et al*., 2011).

Anteriormente, *a C. odorata* era conhecida pelas suas propriedades medicinais e insecticidas (Koutika e Riney, 2010), mas até agora não foram relatados efeitos antifúngicos. Além do extrato da planta, *Candida* sp. (uma levedura isolada do extrato aquoso *de C. odorata*) também foi testada quanto à sua atividade antifúngica. *Candida* sp. como uma levedura epífita, estava provavelmente nas folhas quando estas foram maceradas, terminando no extrato aquoso final. No entanto, não se deve excluir a possibilidade de esta se encontrar na atmosfera circundante, durante a preparação do extrato.

O estudo foi dividido em experiências *in vitro* e *in planta*. Nas experiências *in vitro*, foi examinada a inibição da germinação conidial e do crescimento micelial, enquanto que nas experiências *in planta*, foi testado o efeito do extrato e da levedura na incidência e severidade da doença. Além disso, foi testado o efeito sobre a germinação das sementes e a regulação do crescimento (apenas para o extrato *de C. odorata*). Para além destes testes, foi determinada a atividade da β-1,3-glucanase, a fim de investigar a possibilidade de o extrato ou a levedura induzirem resistência.

Nas experiências *in vitro*, o extrato aquoso não estéril *de C. odorata* a 3,3 e 5% (p/v) foi a concentração mais inibidora da germinação conidial, seguida de 2,5% (p/v) (Experiência A). Todas as concentrações foram capazes de inibir significativamente a germinação conidial em comparação com o controlo.

Subsequentemente, foi testado um extrato aquoso não esterilizado *de C. odorata* a 3,3 (p/v) (Experiência B), que também incluiu soluções esterilizadas. A solução de extrato não esterilizada a 2,5% (p/v) também foi incluída nesta experiência, uma vez que foi a que até então foi utilizada nas experiências *in planta*. O extrato não esterilizado a 3,3 % (p/v) mostrou um efeito inibidor significativamente mais elevado contra a germinação conidial, em comparação com as soluções esterilizadas, em ambas as repetições. Por outro lado, o extrato não esterilizado a 2,5% apenas inibiu significativamente a germinação na replicação 2. Quanto às soluções estéreis, não tiveram qualquer efeito na réplica 1, enquanto que na réplica 2 o seu efeito inibitório foi significativamente superior ao do controlo, mas ainda inferior ao das soluções não estéreis. O extrato não esterilizado 3,3 (p/v) foi o que teve melhor desempenho durante as experiências A e B e, mais tarde, o exame *in planta* foi interessante.

Para além da informação sobre a concentração do extrato, pode especular-se, a partir dos ensaios de germinação conidial, que as soluções não esterilizadas podem conter organismos ou compostos que são responsáveis ou contribuem para o efeito inibitório sobre a germinação conidial e devem ser testados quanto à sua potencial atividade antifúngica. As mesmas especulações também foram feitas para outros extractos de plantas testados (Johnny *et al.*, 2011). Entretanto, *Candida* sp. foi isolada de soluções não esterilizadas. *Candida* sp. são leveduras marinhas pertencentes à classe Ascomycota que existem principalmente em águas pouco profundas, mas também como organismos epifíticos em tecidos vegetais (Kutty e Philip, 2008). As culturas de *Candida* sp. cresceram num meio separado (YEP) e depois foram examinadas quanto à sua capacidade potencial para inibir o crescimento de *A. brassicae*.

Das três suspensões *de Candida* sp. testadas (Experiência C1), 10^6 células/ml tiveram o efeito inibitório mais significativo na germinação conidial de *A. brassicae*, seguidas de 10^7 e 10^5 células/ml. Quando *Candida* sp. foi misturada com os extractos estéreis *de C. odorata* (2,5 e 3,3%), o efeito inibitório foi aumentado quase ao mesmo nível que as suspensões correspondentes *de Candida* sp.

O ensaio foi efectuado mais uma vez, com base nos resultados do ensaio anterior (Experiência C1). Nesta experiência, as duas suspensões *de Candida* sp. com melhor desempenho, *ou seja,* 10^6 e 10^7 células/ml, foram testadas contra a germinação conidial de *A. brassicae*. Ambas as suspensões *de Candida* sp. inibiram a germinação conidial. As soluções estéreis *de C. odorata*, mais uma vez, diminuíram a germinação conidial apenas quando foram misturadas com *Candida* sp. *Candida* sp. poderia ser uma das razões para o efeito inibitório não estéril. No entanto, a sua concentração no extrato permanece desconhecida e, por conseguinte, não pode ser considerada como a principal razão para o efeito inibidor do extrato de *C. odorata*.

O ensaio de crescimento micelial foi o último ensaio *in vitro* efectuado (Experiência D). Neste ensaio, entre todas as soluções testadas, 10^6 células/ml de suspensão de *Candida* sp., 3,3 e 2,5% (p/v) mostraram uma inibição significativa do crescimento micelial (até 100%) em comparação com o controlo. No entanto, as soluções estéreis não inibiram o crescimento micelial de *A. brassicae*.

In vitro, o extrato de *C. odorata* teve um efeito inibitório contra a germinação conidial e o crescimento micelial *de A. brassicae*. Resultados semelhantes, em extractos aquosos de outras plantas, também foram observados por Gupta e Tripathi (2011) que relataram a inibição do crescimento micelial *de Fusarium sacchari* causado pelo extrato de *Solanum torvum*. Além disso, para a germinação de esporos, Baka (2010) relatou que *Lavandula pudescens* também inibiu, *in vitro*, a germinação de esporos de *A. brassicae*. No entanto, resultados sobre a inibição da germinação de esporos de *A. brassicae*, a partir de extractos de plantas, também foram conhecidos há anos por Sheikh e Agnihorti (1972), quando exibiram a atividade antifúngica de vários extractos, incluindo os de *Canna indica* e *Convolvulus arvensis*.

Para além do extrato da planta, a levedura epifítica *Candida* sp. também inibiu o crescimento micelial e a germinação de conídios, o que significa que pode funcionar sozinha como um potencial organismo fungicida. Não foi a primeira vez que a levedura de *Candida* sp. mostrou atividade antifúngica. *Candida oleophila* é um antagonista já disponível comercialmente contra o bolor cinzento da uva (*Botrytis cinerea*) (Raspor *et al.*, 2010). Segundo os mesmos autores, o efeito inibitório de *Candida* sp. poderia estar relacionado com a capacidade das leveduras de competir com os fungos pelos nutrientes. Foi interessante, no entanto, que a suspensão de 10^6 células/ml teve um desempenho significativamente melhor do que a de 10^7 células/ml na Experiência C1. Uma possível resposta é que as leveduras produzem compostos contra agentes patogénicos (Raspor *et al.*, 2010) e talvez estes compostos, após uma determinada concentração, possam favorecer o crescimento de fungos. Por conseguinte, seria possível que *a A. brassicae* tivesse sido favorecida pela concentração mais elevada de *Candida* sp. No entanto, não é possível tirar conclusões seguras, especialmente porque a espécie específica de *Candida* permaneceu desconhecida. Além disso, na experiência C2, a diferença entre as suspensões não foi significativa. Este facto pode também contribuir para a opinião de que a diferença na experiência C1 foi acidental.

A atividade antifúngica do extrato de *C. odorata* e *Candida* sp.também foi testada *in planta*.

Nas experiências E e F, foi examinado o efeito do extrato aquoso de *C. odorata* e de *Candida* sp. na taxa de germinação das sementes de *B. napus* (experiência E) e no crescimento das plantas (experiência F). O extrato aquoso *de C. odorata* (2,5 e 3,3%) não teve qualquer efeito, negativo ou positivo, na germinação das sementes. O mesmo efeito, pelo extrato aquoso *de C. odorata*, foi também observado por Khoa *et al.* (2011) na germinação de sementes de arroz. No entanto, há pesquisadores que mostraram efeito benéfico de produtos derivados de plantas na germinação de sementes. Nguefack *et al.* (2008) relataram uma taxa de germinação 5 a 13% mais elevada em plântulas de arroz que tinham sido tratadas com óleos extraídos de *Cymbopogon citrates*, *Ocimum gratissimum* e *Thymus vulgaris*. Nenhum efeito inibitório, na Experiência E, também foi observado para 10^6 células/ml *de Candida sp.*

Quanto ao efeito sobre o crescimento das plantas, apenas foi examinado o extrato aquoso *de C. odorata* a 2,5%. Os resultados *in vitro* de *Candida* sp. e de 3,3% de *C odorata* não eram conhecidos na altura em que esta experiência foi realizada. Na réplica 1, não foi observado qualquer efeito em *B. napus* e *B. oleracea*. Por outro lado, na replicação 2, o extrato de *C. odorata* restringiu a largura do cotilédone em ambas as plantas, enquanto que promoveu o comprimento do hipocótilo de *B. napus*. Mesmo que as diferenças sejam significativas, não são demasiado elevadas para que o efeito do extrato de *C. odorata* seja considerado prejudicial. Mesmo assim, estes resultados estão em desacordo com os mencionados por Khoa *et al.* (2011). No seu estudo, os investigadores não encontraram qualquer efeito, negativo ou positivo, do extrato de *C.*

odorata no desenvolvimento do arroz. No entanto, outros investigadores notaram efeitos negativos dos extractos de plantas no desenvolvimento das plantas (Goufo *et al.*, 2008).

Foram efectuadas três avaliações diferentes de doenças (Experiências G, H e I). Na primeira, o extrato de *C. odorata* (2,5%) não teve qualquer efeito na incidência ou severidade da Alternaria bligt em *B. napus* e *B. oleracea.* Os cotilédones pareceram mais susceptíveis do que as folhas e, por esta razão, as avaliações seguintes foram realizadas apenas nestas últimas.

No segundo, apenas o tratamento foliar com 2,5% de extrato de *C. odorata* reduziu a incidência e a severidade da praga de Alternaria nos cotilédones de *B. oleracea* em 21 e 74%, respetivamente.

No entanto, o tratamento de sementes e foliar com o extrato não teve qualquer efeito no nível de doença em *B. napus*.

Na última experiência de avaliação da doença, a concentração do inóculo foi demasiado baixa (3.000 esporos/ml). No entanto, mesmo nessas circunstâncias, os tratamentos de sementes e foliares com suspensão de *Candida* sp. de 10^6 células/ml e 3,3% de extrato aquoso *de C. odorata* não afectaram a incidência e a gravidade da praga de Alternaria nos cotilédones de *B. napus* e *B. oleracea.*

Os resultados relativos ao tratamento de sementes estão em desacordo com os resultados relativos a *C. odorata* fornecidos por Khoa *et al.* (2011), onde se observou que o tratamento de sementes com *C. odorata* foi capaz de reduzir a gravidade das doenças do arroz. Uma possível explicação para esta diferença pode ser o facto de o tratamento de sementes com *C. odorata* poder ativar respostas de defesa no arroz, que não são activadas no caso de *B. napus* e *B. oleracea.* No seu estudo, Khoa *et al.* (2011), mencionaram a possibilidade de resistência induzida pelo extrato de *C. odorata* no arroz, uma vez que as plantas foram protegidas até 45 DAS. Nos experimentos deste estudo, as avaliações foram realizadas apenas aos 20 DAS e, neste momento, não foi relatado efeito de redução de doença em *Brassica napus*. No entanto, a possibilidade de redução da doença após 20 dias, como no caso do arroz, não deve ser excluída. Por conseguinte, a repetição da experiência de avaliação da doença, incluindo observações após 20 DAS, poderia ser uma opção para a investigação futura.

Por outro lado, o efeito inibitório do tratamento foliar foi observado em *B. oleracea.* Este efeito benéfico pode estar correlacionado com os compostos que *a C. odorata* possui. Akinmoladum *et al.* (2007) relataram a existência de saponinas no extrato aquoso *de C. odorata.* Como Wulff *et al.* (2012) mencionaram, as saponinas são conhecidas pelas suas interações com os componentes das membranas dos fungos, o que resulta na debilidade da sua integridade membranar. Outros investigadores descobriram que o efeito redutor da doença de outros extractos, *ou seja, Xanthium strumarium,* está relacionado com os seus compostos, *ou seja,* a xantanina (Saha *et al.*, 2012). No entanto, seria de esperar, nesse caso, que o mesmo efeito redutor de doenças do tratamento foliar também fosse observado em *B. napus*, o que não aconteceu. Consequentemente, poder-se-ia especular que o tratamento foliar activou as respostas de defesa em *B. oleracea* mas não em *B. napus*. De facto, Khoa *et al.* (2011) relataram que o tratamento foliar de *C. odorata* pode influenciar a microflora nas folhas de arroz, estimulando a produção de substâncias relacionadas com a resistência induzida.

Infelizmente, quando a atividade da β-1,3-glucanase foi conduzida, o efeito de redução da doença em *B.*

oleracea não era conhecido. No entanto, era ainda interessante examinar se o extrato de *C. odorata* ou *Candida sp.* poderia aumentar a atividade específica da β-1,3-glucanase em *Brassica napus.*

Não se pode observar uma indicação clara da atividade específica induzida pela β-1,3-glucanase na experiência J. No caso do extrato de *C. odorata*, em cada dia são registados picos de tratamento diferentes. Para além disso, o aumento súbito do extrato não inoculado no quinto dia, seguido de uma diminuição imediata, não fornece resultados valiosos. Seria de esperar que o aumento da atividade específica se mantivesse em níveis elevados no tratamento foliar ao sétimo dia, o que não aconteceu. Uma possível explicação para isso poderia ser a expressão de outras proteínas relacionadas com a patogénese, como as quitinases, que superam a atividade específica da β-1,3- glucanase (Van der Wolf *et al.* 2012). No entanto, os desvios durante o procedimento do ensaio, *ou seja,* a pipetagem, o aterramento, também devem ser tidos em consideração. O que é interessante, porém, é que os cotelydons inoculados apresentaram uma atividade específica de β-1,3-glucanase mais elevada do que os não inoculados até três dias após a inoculação, o que pode estar relacionado com a resposta de defesa *de B. napus* contra o agente patogénico. Resposta semelhante na atividade específica de β-1,3-glucanase induzida pela inoculação do patógeno também foi observada por Torres *et al.* (2012) em bananeiras inoculadas por *Mycosphaerella fijiensis.* Neste estudo, os pesquisadores observaram, aumento da atividade específica de β-1,3-glucanase induzida pelo inóculo, mesmo 72 horas após a inoculação.

Por outro lado, os resultados relativos a *Candida sp.* são mais claros. Mesmo cinco dias após a inoculação, os tratamentos de controlo apresentaram uma maior atividade específica de β-1,3-glucanase em comparação com os tratamentos de sementes e foliares. *Candida sp.* não tem qualquer efeito na indução de β-1,3-glucanase até cinco dias após a inoculação. Apenas no sétimo dia o tratamento foliar aumentou a atividade da enzima. Se a atividade específica tivesse permanecido mais elevada após sete dias, poder-se-ia especular que o tratamento foliar tem um efeito indutor. No entanto, os dados dos dias após o sétimo dia não estão disponíveis e o efeito adicional do tratamento foliar com *Candida* sp. não pode ser visto.

Neste ensaio, a atividade específica elevada de β-1,3-glucanase não foi claramente indicada por *C. odorata* ou *Candida sp.* em *Brassica napus.* No entanto, a possibilidade de não expressão de genes relacionados com a glucanase em espécies de *Brassica* deve ser excluída, uma vez que Mondal *et al.* (2006) já registaram a sua expressão na mostarda indiana. Além disso, outras espécies de *Brassica* mostraram um aumento da atividade da β-1,3-glucanase por outros indutores. Van der Wolf *et al.* (2012), mencionaram que o aumento da atividade da β-1,3-glucanase foi induzido em folhas de *Brassica oleracea,* após o tratamento de sementes com o indutor químico INA (2,6-dicloroisonicotínico).

Como conclusão, os ensaios *in vitro* mostraram efeito inibitório de *C. odorata* e *Candida* sp. contra *A. brassicae.* No entanto, as experiências *in planta* não mostraram a mesma influência das duas soluções sobre o agente patogénico. Como mencionado por Gupta e Tripathi (2011), esta é uma conclusão comum quando se testa a atividade potencial de produtos naturais e organismos. Os extractos de *Candida sp.* e *C. odorata* inibiram a germinação conidial e o crescimento micelial de *A. brassicae in vitro*, mas, *in planta*, apenas o extrato *de C. odorata* teve um efeito contra o míldio de Alternaria em *B. oleracea* quando testado como tratamento foliar. Relativamente à *Candida* sp., várias leveduras foram testadas quanto ao seu potencial antifúngico. Por exemplo, verificou-se que *Cryptococcus magnus* é capaz de controlar *Colletotrichum gloeosporioides in vitro* e *in planta* (Capdeville *et al.*, 2007) e foram também observadas propriedades antifúngicas de *Sacharomyces cerevisiae* contra *Fusarium oxysporum* (Shalaby *et al.*, 2008). No entanto, a investigação sobre leveduras centrou-se principalmente nas doenças pós-colheita (Dal bello *et al.*, 2008)

VI) Perspectivas

O Reino Planta oferece um reservatório extraordinário de compostos activos. A investigação sobre a atividade fungicida deve ser continuada para o desenvolvimento de estratégias mais eficientes de proteção das culturas (Kim *et al.*, 2004), uma vez que a maioria deles não tem fitotoxicidade e possui uma elevada taxa de biodegradabilidade. Os extractos para biocontrolo podem representar uma contribuição valiosa para a gestão de pragas (Ameziane *et al.*, 2007).

Neste estudo, a eficácia de um extrato aquoso *de C. odorata* e de uma suspensão de *Candida* sp. como medida de controlo alternativa foi avaliada contra o míldio de Alternaria (*A. brassicae*). Em *B. oleracea*, o extrato apresentou poucos resultados promissores. Por conseguinte, é necessária uma análise mais aprofundada sobre a forma como o extrato é capaz de controlar a doença em *B. oleracea.*

Além disso, não há informações sobre potenciais compostos que possam ser responsáveis pela sua atividade antifúngica, *por exemplo*, saponinas (Akinmoladum *et al.*, 2007), mesmo que, na literatura, estes compostos tenham sido associados a propriedades antifúngicas por outros autores (Wulff *et al.*, 2012. Consequentemente, a purificação e o exame destes compostos devem ser efectuados.

VII) Agradecimentos

Este estudo foi realizado no Departamento de Ciências Vegetais e Ambientais, Faculdade de Ciências, Universidade de Copenhaga. Gostaria de expressar a minha gratidão aos meus supervisores, Professores Associados Birgit Jensen e Hans J0rgen Lyngs J0rgensen, pela sua ajuda construtiva e extremamente valiosa. Gostaria também de agradecer à técnica de laboratório Anita Idoff pela sua ajuda durante a realização das experiências. Finalmente, é também importante para mim agradecer ao estudante de doutoramento Daniel Buchvaldt Amby e ao colega de gabinete PostDoc Fen Yang pela sua valiosa contribuição para a apresentação desta tese.

VIII) Lista de referências

Afolabi C. Akinmoladum, E.O. Ibukun e I.A. Dan-Ologe. "Constituintes fitoquímicos e propriedades antioxidantes de extractos de folhas de Chromolaena odorata." *Pesquisa Científica e Ensaio* 2 (6) (2007): 191-194.

Afolabi C. Akinmoladun, Efere M.Obuotor e Ebenezer O. Farombi. "Avaliação das capacidades antioxidantes e de eliminação de radicais livres de algumas plantas medicinais indígenas nigerianas". *Journal of Medicinal Food* 13 (2) (2010): 444-451.

Agnes Perez, Joy Harwwod e Agapi Somwaru. *Repolho: An Economic Assassment of the Feasibility of Providing Multiple-Peril Crop Insurance.* Serviço de Investigação Económica, 1995.

Agnihotri, R.A. Sheikh e J.P. "Antifungal properties of some plant extracts". *Jornal indiano de micologia e patologia vegetal* 2 (1972): 143-146.

al., Bansal et. "Reaction of Brassica species to infection by Alternaria brassicae." *Canadian Journal of Plant Science* 70 (1990): 1159-1162.

Arpita Mishra, Dinesh Pandey, Anshita Goel e Anil Kumar. "Molecular Cloning and In silico Analysis of Functional Homologues of Hypersensitive Response Gene(s) Induced During Pathogenesis of Alternaria Blight in Two Genotypes of Brassica" [Clonagem molecular e análise in silico de homólogos funcionais de genes de resposta hipersensível induzidos durante a patogénese da praga de Alternaria em dois genótipos de Brassica]. *J Proteomics Bioinform* 3 (2010): 244-248.

Baka, Zakaria A.M. "Atividade antifúngica de seis extractos de plantas medicinais sauditas contra cinco fungos fitopatogénicos". *Archives Of Phytopathology And Plant Protection* 43 (8) (2010): 736-743.

Beecher, Christopher WW. "Propriedades preventivas do cancro de variedades de Brassica oleracea: uma revisão." *American Journal of Clinical Nutrition* 59 (1994): 1166-1170.

Bhargava, A. Kamble e S. "β-Aminobutiric Acid-induced resistance in Brassiac juncea against the Necrotrophic pathogen Alternaria brassicae." *Journal of Phytopathology* 155 (2007): 152-158.

Birin Chandra, Awasthi R.P. e Tiwari A.K. "Eco-friendly disease management of Alternaria blight (Alternaria brassicae) od rapessed and mustard." *Enviroment and ecology* 27 (2) (2009): 906-910.

Boiteux, A. Reis e L.S. "Espécies de Alternaria infectando Brassiceae no Neotrópico brasileiro: Distribuição geográfica, gama de hospedeiros e especificidade". *Journal of Plant Pathology* 92 (3) (2010): 661668.

Brian Fristensky, Margaret Balcerzak, Daifen He e Peijun Zhang. "Expressed sequence tags from the defense response of Brassica napus to Lepto spheria maculans". *Molecular plant pathology*, 1999.

C. Antwi-Boasiako, A. Damoah. "Investigação dos efeitos sinérgicos de extractos de Erythrophleum suaveolens, Azadirachta indica e Chromolaena odorata na durabilidade de Antiaris toxicaria." *International Biodeterioration and Biodegradation* 64 (2010): 97-103.

C. Chattopadhyay, R. Agrawal, A. Kumar, L.M. Bhar, P.D. Meena, R.L. Meena, S.A. Khan, A.K. Chattopadhyay, R.D. Awasthi, S.N. Singh, N.V.K. Chakravarthy, A. Kumar, R.S. Singh, C.K. Bhunia. "Epidemiologia e previsão da praga de Alternaria das sementes oleaginosas de Brassica na Índia - um estudo de caso". *Journal of Plant diseases and Pretection* 112 (4) (2005): 351-365.

Chun-Ta Wu, Gerhard Leubner-Metzger, Frederick Meins, Jr. e Kent J. Bradford. "Clas I β-1,3- Glucanase e Chitinase são expressas no endisperma micropilar de sementes de tomate antes da emergência da radícula." *Plant Physiology* 126 (2001): 12991313.

D.J. Kriticos, Yonow, T., Mcfadyen Cruttwell. R.E. "The potential distribution of Chromolaena odorata (siam weed) in relationto climate." *The European Weed Society* 45 (2005): 246-254.

Dambrauskiene, E. Surviliene e E. "Effect of different active ingridients of fungicides on ALternaria spp. growth in vitro." *Agronomy Research* 4 (2006): 403-406.

Davou, B.M. Matur e B.J. "Propriedade Larvicida Comparativa do Extrato de Folha de Chromolaena odorata L (Composidae) e Chlopyrifos (Composto Organofosforado) em Larvas de Simulium." *Ciências Biomédicas e Ambientais* 20 (2007): 313-316.

Dipanwita Saha, Ramashish Kumar, S. Ghosh, M. Kumari, Aniruddha Saha. "Controlo de doenças foliares do chá com extrato de folhas de Xanthium strumarium." *Culturas e produtos industriais* 37 (2012): 376382.

Dixon, Geoffrey R. *Vegetable Brassicas and related crucifers.* Reading: CABI , 2007.

E.G. Wulff, E. Zida, J. Torp e O.S. Lund. "Extrato de Yucca schidigera: um potencial biofungicida contra patógenos transmitidos por sementes de sorgo". *Plant pathology* 61 (2012): 331-338.

El-Nady, Moustafa El-Sayed Shalaby e Mohamed Fathi. "Aplicação de Saccharomyces cerevisiae como agente de biocontrolo contra a infeção por Fusarium nas plantas de beterraba sacarina". *Ata Biologica Szegediensis* 52 (2) (2008): 271-275.

Emil Radu, Stelica Cristea, Cristinel Relu Zala. "Pesquisas sobre a biologia do fungo Alternaria brassicae". *Researcg Journal of Agricultural Science*, 2010: 133-137.

F.A. Sheikh, Shashi Banga, S.S. Banga e S.Najeeb. "Desenvolvimento de mostarda etíope (Brassica carinata) com ampla base genética através de hubridização interespecífica com linhas de elite de Brassica napus e Brassica juncea." *Jornal de Biotecnologia Agrícola e Desenvolvimento Sustentável* 3 (4) (2011): 77-84.

Fawzi, E.M., Khahil, A.A. e Afifi, A.F. "Efeito antifúngico de alguns extractos de plantas em Alternaria alternata e Fusarium oxysporum." *Jornal Africano de Biotecnologia* 8 (11) (2009): 2590-2597.

Fitt, C.X. Hong e B.D.L. "Factores que afectam o período de incubação da mancha escura das folhas e das vagens (Alternaria brassicae) na colza (Brassica napus)." *European Journal of Plant Pathology* 102 (1996): 545-553.

G. Dal Bello, C. Monaco, M.C. Rollan, G. Lampugnani, N. Arteta, C. Abramoff, L. Ronco e M., Stocco. "Biocontrolo do bolor cinzento pós-colheita do tomateiro por leveduras". *Journa of Phytopathology* 156 (2008): 257-263.

Guy A, Kiddle, Kevin J. Doughty e Roger M. Wallsgrove. "Acumulação de glucosinolatos em folhas de colza (Brassica napus L.) induzida por acidente de Salicycli". *Journal of Experimental Botany* 45 (9) (1994): 1343-1346.

Guy de Capdeville, Manoel Teixeira Souza Jr. Jansen Rodrigo Pereira Santos, Simone de paula Miranda, Alexandre Rodrigues Caetano, Fernando Araripe Goncalves Torres. "Seleção e teste de leveduras epifíticas para o controle da antracnose em pós-colheita de frutos de mamão." *Scienta Horticulturae* 111 (2007): 179-185.

H. Hartleb, R. Heitefuss e H.-H. Hoppe. *Resistance of Crop Plants against Fungi.* Jena; Stutgart; Lubeck; Ulm: Gustav Fischer Verlag, 1997.

Hossain, M. Sakhawat Hossain e M. M. "Efeito da praga de Alternaria no rendimento de sementes de couve-flor (Brassica oleracea L.)". *Journal of Agricultural Research* 35 (3) (2010): 381-385.

Irobi, O.N. "Actividades do extrato de folhas de Chromolaena odorata (Compositae) contra Pseudomonas aeruginosa e Streptococcus faecalis." *Journal of Ethnopharmacology* 37 (1992): 81-83.

Irobi, O.N. "Propriedades antibióticas do extrato de etanol de Chromolaena odorata (Asteriaceae)." *International Journal of Pharmacognosy* 35 (2) (1997): 111-115.

Irom Manoj Singha, Yelena Kakoty, Bala Gopalan Unni, Mohan Chandra Kalita, Jayshree Das, Ashok Naglot, Sawlang Borsingh Wann, Lokendra Singh. "Controlo da murcha de Fusarium do tomate causada por Fusarium oxysporum f. sp. lycopersici utilizando o extrato vegetal de Pper betle L,: um estudo preliminar". *World Journal of Microbiology Biotechnology* 27 (2011): 2583-2589.

Isaac, S. e Gokhale, A.V. "Transactions of the British Mycological Society ." 78 (1) (1982): 389394.

J. Kohl, C.A.M. van Tongeren, B.H. Groenenboom-de Haas, R.A. van Hoof, R. Driessen e L. van der Heijden. "Epidemiologia da mancha foliar escura causada por Alternaria brassicicola e A. brassicae na produção biológica de sementes de couve-flor." *Plant Pathology* 59 (2010): 258-367.

J. Kohl, M. Vlaswinkel, B.H. Groenenboom-de Haas, P. Kastelein, R.A. van Hoof, J.M. van der Wolf e M. Krijger. "Sobrevivência de agentes patogénicos das couves-de-bruxelas (grupo Brassica oleracea Gemifera) em resíduos de culturas". *Plant Pathology*, 2011: 661-670.

J. Nguefack, V. Leth, J.B. Lekagne Dongmo, J. Torp, P.H. Amvan Zollo e S. Nyasse. "Utilização de três óleos essenciais como tratamentos de sementes contra fungos transmitidos por sementes de arroz (Oryza sativa L.)." *American- Eurasian Journal of Agricultural and Enviromental Sciences* 4 (5) (2008): 554-560.

J.M. Torres, H. Calderon, E.Rodriguez-Arango, J.G. Morales, R. Arango. "Indução diferencial de proteínas relacionadas à patogênese em banana em resposta à infeção por Mycosphaerella fijiensis". *European Journal of Plant Pathology* 133 (2012): 887-898.

Jan M. van der Wolf, Ania Michta, Patricia S. van der Zouwen, Waldo J. de Boer, Evert Davellar, Lucas H. Stevens. "Tratamentos de sementes e folhas com compostos naturais para induzir resistência contra Peronospora parasitica em Brassicae oleracea." *Crop Protection* 35 (2012): 78-84.

Jin-Cheol Kim, Gyung Ja Choi, Seon-Woo Lee, Jin-Seog kim, Kyu Young Chung e Kwang Yun Cho. "Triagem de extractos de Achyranthes japonica e Rumex Crispus quanto à sua atividade contra vários fungos patogénicos de plantas e controlo do oídio." *Pest Management Science* 60 (2004): 803808.

K. Srinivasa Rao, Pradeep Kumar Chaudhury, Anshuman Pradhan. "Avaliação das actividades antioxidantes e do teor fenólico total de Chromolaena odorata." *Food and Chemical Toxicology* 48 (2010): 729-732.

K.L. Conn, J.P. Tewari e J.S. Dahiya. "Resistance to Alternaria brassicae and phytoalexinelicitation in rapeseed and other Crucifers". *Plant Science* 56 (1988): 21-25.

K.L. Conn, J.P. Tewari e R.P. Awasthi. "A disease assessment key for Alternaria blackspot in rapeseed and mustard." *Canadian Plant Disease Survey* 70 (1) (1990): 19-22.

K.M. Thembo, H.F. Vismer, N.Z. Nyazema, W.C.A. Gelderblom e D.R. Katerere. "Atividade antifúngica de quatro extratos de plantas daninhas contra fungos micotoxigênicos selecionados". *Journal of Applied Microbiology* 109 (2010): 1479-1486.

Kalyan K. Mondal, R.C. Bhattacharya, K.R. Koundal e S.C. Chatterjee. "Mostarda indiana transgénica (Brassica juncea) que exprime glucanase de tomate leva à detenção do crescimento de Alternaria brassicae." *Plant Cell Reports* 26 (2006): 247-252.

Kevin J. Doughty, Margaret M. Blight, Clive H. Bock, Jane K. Fieldsend e John A. Pickett. "Libertação de isotiocianatos de alquenilo e outros voláteis de plântulas de Brassica rapa durante a infeção por Alternaria brassicae." *Phytochemistry* 41 (2) (1996): 371-374.

King, Lars Ostergaard e Graham J. "Standardized gene nomenclature for the Brassica genus" (Nomenclatura genética normalizada para o género Brassica). *Plant Pethods* 4 (10) (2008).

Koutika, L.-S. e Rainey, H.J. "Chromolaena odorata in different ecosystems: Erva daninha ou planta de pousio?" *Applied ecology and enviromental research* 8 (2) (2010): 131-142.

Laemmlen, Franklin. "Doenças de Alternaria". *Consultor agrícola cooperativo da Universidade da Califórnia*, 2001: 1-5.

Lechband, Amine Abbadi e Gunhild. "Melhoramento de colza para teor de óleo, qualidade e sustentabilidade." *European Journal of Lipid Science Technology* 113 (2011): 1198-1206.

Lucy Johnny, Umi Kalsom Yusuf e R. Nulit. "Atividade antifúngica de extractos brutos de folhas de plantas selecionadas contra o fungo da antracnose do pimento, Colletotrichum capsici (Sydow) butler e bisby (Ascomycota: Phyllachorales)." *Jornal Africano de Biotecnologia* 10 (20) (2011): 4157-4165.

M. Bengtsson, E. Wulff, H.J. Lyngs Jorgensen, A. Pham, M. Lubeck, J. Hockenhull. "Estudos comparativos sobre os efeitos de um extrato de Yucca e acibenzolar-S-metil (ASM) na inibição de Venturia inaequalis em folhas de maçã". *European Journal of Plant Pathology* 124 (2009): 187-198.

M. Marcela Gamboa-Angulo, Jairo Cristobal-Alejo, Irma L. Medina-Baizabal, Fatima Chi-Romero, Ramiro Mendez-Gonzalez, Paulino Sima-Polanco, Filogonio May-Pat. "Propriedades antifúngicas de plantas selecionadas da península de Yucatán, México". *World Journal of Microbiology Biotechnology* 24 (2008): 1955-1959.

M. Soledade C. Pedras, Abdul Q. Khan, Janet L. Taylor. "A fitoalexina camaxelina não é metabolizada por Phoma lingam, Alternaria brassicae ou bactérias fitopatogénicas". *Plant Science* 139 (1998): 1-8.

M. Tagasugi, N. Katsui e A. Shirata. "Isolamento de três novas fitoalexinas contendo enxofre da couve chinesa Brassiaca campestris L. ssp. pekinensis (Cruciferae)." *Journal of Chemical Society* 14 (1986): 1077-1078.

M. Takasugi, N. Katsui e A. Shirata. "Isolationof three novel sulphu-containing phytoalexins from Chines cabbage Brassica campestris L. ssp. pekinensis." *Journal of the Chemical Society, Chemical Communications articles* 14 (1986): 1077-1078.

M.S.C. Pedras, I.L. Zaharia e D.E. Ward. "Hidroxilação e glicosilação sequencial in planta de uma fitotoxina fúngica: Evitando a morte celular e superando o invasor fúngico". *Proceedings of the National Academy of Sciences* 98 (2) (2001): 747-752.

M.Srivastava, S.K. Gupta. A.P. Saxena, L.A.J. Shittu e S.K. Gupta. "A Review of Occurence of Fungal Pathogens on Significant Brassicaceous Vegetable Crops and their Control Measures." *Asian Journal of Agricultural Sciences*, 2011: 70-79.

Maria Bjorkman, Ingeborg klingen, Andrew N.E. Birch, Atle M. Bones, Toby J.A. Bruce, Tor L. Johansen, Richard

Meadow, Jorgen Molmann, Randi Seljasen, Lesley E. Smart, Derek Steward. "Phytochemicals of Brassicaea in plant protection and human health - Influences od climate, enviroment and agronomic practice." *Phytochemistry* 72 (2011): 538-556.

Matsumoto, Seint San Aye e Masaru. "Efeito de alguns extractos de plantas em Rhizoctonia spp. e Sclerotium hydrophilum." *Journal of Medicinal Plants Research* 5 (16) (2011): 3751-3757.

Matsumoto, Seint San Aye e Masaru. "Efeito de alguns extractos de plantas em Rhizoctonia spp. e Sclerotium hydrophilum." *Journal of Medicinal Plants Reasearch* 5 (16) (2011): 3751-3757.

Mcdonald, Lawrence O. Copeland e Miller B. "Seed germination". Em *Principles of seed science and technology*, de Lawrence O. Copeland e Miller B. Mcdonald, 72. Boston: Kluwer Academic Publishers, 2001.

Melinda Krishanti P., Xavier Rathinam, Marimuthu Kasi, Diwakar Ayyalu, Ramanathan Surash, Kathiresan Sadasivam, Sreeramana Subramaniam. "Um estudo comparativo sobre a atividade antioxidante dos extractos metanólicos de folhas de Ficus religiosa L, Chromolaena odorata (L) King e Robinson, Cynodon dactylon (L.) Pers. e Tridax procumbens L. ." *Asian Pacific Journal of Tropical Medicine*, 2010: 348-350.

Mohammad Mahmud Khan, Raees Ullah Khan e Fayaz Ahmad Mohiddin. "Estudo sobre a gestão rentável da praga de Alternaria da mostarda (Brassiac spp.)". *Phytopathologia Mediterranea* 46 (2007): 201-206.

Mondal KK, Chatterjee SC, Viswakarma N, Bhattacharya RC, Grover A. "Chitinase-mediated inhibitory activity of Brassica transgenic on growth of Alternaria brassicae." *Curr Microbiol.* 47 (3) (2003): 171-173.

N. Ameziane, H. Boubaker, H. Boudyach, F. Msanda, A. Jilal, A. Ait Benaoumar. "Atividade antifúngica de plantas marroquinas contra agentes patogénicos dos citrinos". *Agronomia para o Desenvolvimento Sustentável* 27 (2007): 273-277.

Narisawa, Teruyoshi Hashiba e Kazuhiko. "O desenvolvimento e a natureza endofítica do fungo Hetroconium Chaetospira". *FEMS Microbiology Letters* 252 (2005): 191-196.

Nguyen Dac Khoa, Phan Thi Hong Thuy, Tran Thi Thu Thuy, David B. Collinge e Hans Jorgen Lyngs Jorgensen. "Efeito redutor de doenças do extrato de Chromolaena odorata no míldio da bainha e outras doenças do arroz". *Phytopathology* 101 (2010): 231-240.

Orlovius, K. *Fertilizing for High Yield and Quality (Fertilização para Elevado Rendimento e Qualidade).* Basileia: Instituto Internacional da Potassa.

P. D. Meena, A. Rani, R. Meena, Pankaj Sharma, R. Gupta e P. Chowdappa. "Agressividade, diversidade e distribuição de isolados de Alternaria brassicae que infectam sementes oleaginosas de Brassica na Índia." *Jornal Africano de Investigação em Microbiologia* 6 (24) (2012): 5249-5258.

P. Goufo, C. Teugwa Mofor, D.A. Fontem, D. Ngnokam. "Alta eficácia de extractos de plantas de Camerron contra a doença do míldio do tomate". *Agronomia para o Desenvolvimento Sustentável* 28 (2008): 567-573.

P.D. Meena, C. Chattopadhyay, A. Kumar, R.P. Awashi, R.Singh, S. Kaur, L. Thomas, P. Goyal e P. Chand. "Comparative study on the effect of Chemicals on Alternaria blight in Indian mustard - A multi-location study in India." *Journal of Enviromental Biology* 32 (2011): 375-379.

P.D. Meena, R.P. Awasthi, Shailesh Godika, J.C. Gupta, Ashok Kumar, P.S. Sandhu, Pankaj Sharma, P.K. Rai, Y.P. Singh, A.S. Rathi, Rajendra Prasad, Dinesh Rai e S.J. Kolte. "Abordagens ecológicas para a gestão das principais doenças da mostarda indiana". *Revista Mundial de Ciências Aplicadas*, 2011: 1192-1195.

P.M. Meena, R.L. Meena, C. Chattopadhyay e A. Kumar. "Identificação da fase crítica para o desenvolvimento da doença e o biocontrolo da praga de Alternaria da mostarda indiana (Brassica juncea)". *Journal of Phytopathology* 152 (2004): 204-209.

Pedras, M. Soledade e C. "Perspectivas de controlo das doenças fúngicas das plantas - Alternativas baseadas na ecologia química e na biotecnologia". *Canadian Journal of Chemistry* 82 (2004): 1329-1335.

Peter Raspor, Damjana Miklic-Milek, Martina Avbelj e Neza Cadez. "Biocontrolo da doença do bolor cinzento da uva causada por Botrytis cinerea com leveduras de vinho Autochtonous". *Tecnologia Alimentar e Biotecnologia* 48 (3) (2010): 336-343.

Philip, Sreedevi N. Kutty e Rosamma. "Leveduras marinhas - Uma revisão". *Yeast 2008* 25 (2008): 465-483.

R. Muniappan, G.V.P. Reddy e Po-Yung Lai. "Distribuição e controlo biológico de Chromolaena odorata". *Plantas invasoras: Ecological and Agricultural Aspects*, 2005: 223-233.

R.Y. Parada, E. Sakuno, N. Mori, K.Oka, M. Egusa, M. Kodama e H. Otani. "Alternaria brassicae produz uma toxina proteica específica do hospedeiro a partir de esporos em germinação nas folhas do hospedeiro". *Biochemistry and Cell Biology* 98 (4) (2007): 458-463.

Rakow, G. "Species Origin and Economic Importance of Brassica ." *Biotecnologia na Agricultura e Silvicultura* 54 (2004): 3-7.

Rashad, Abdulaziz A. Al-Askar e Younes M. "Eficácia de alguns extractos de plantas contra Rhizoctonia solani em ervilha". *Journal of Plant Protection Research*, 2010: 239-243.

Rivera, Pierangeli G.Vital e Windell L. "Atividade antimicrobiana e citotoxicidade dos extractos de Chromolaena odorata (L.F.) King e Robinson e Uncaria perrottetii (A.Rich) Merr." *Journal of Medicinal Plants Research* 3 (7) (2009): 511-518.

Robak, J. "Recent adcance at intergrated protection of cabbages against disease with attention to clubroot (Plasmodiophora brassicae), Alternaria leaf spot (Aternaria spp.) and grey mold (Botrytis cinerea)." *Progress in Plant Protection* 38 (1) (1998): 119-123.

S. Antony Ceasar, S. Ignacimuthu. "Engenharia genética de plantas cultivadas para resistência a fungos: papel dos genes antifúngicos". *Biotechnology letters* 34 (2012): 995-1002.

S. Satish, D.C. Mohana, M.P. Raghavendra e K.A. Raveesha. "Atividade antifúngica de alguns extractos de plantas contra importantes agentes patogénicos de Aspergillus sp. *Journal of Agricultural Technology* 3(1) (2007): 109-119.

S. Singh, L. Jain, M.B. Pandey, U.P. Singh e V.B. Pandey. "Atividade antifúngica dos alcalóides de Eschsholtzia californica." *Folia Microbiologica* 54 (3) (2009): 204-206.

Sarita Singh, Amitabh Singh, Monisha Keshariwala, T.D. Singh, V.P. Singh, V.B. Pandey e U.P. Singh. "A mistura de alcalóides terciários e quaternários isolados de Argemone ochroleuca inibe a germinação de esporos de alguns fungos." *Archives of Phytopathology and Plant Protection* , 2010: 12491253.

Soichiro Morita, Mikiko Azuma, Toshiko Aoba, Hiroya Satou, Kazuhiko Narisawa, Teruyoshi Hashiba. "Resistência sustémica induzida da couve chinesa à mancha foliar bacteriana e à mancha foliar de Alternaria pelo fungo endofítico da raiz, Heteroconium chaetospira." *Journal of General Plant Pathology* 69 (2003): 71-75.

Stoewsand, G.S. "Bioactive Organosulfur Phytochemicals in Brassica oleracea Vegetables-A Review." *Food and Chemical Toxicology* 33 (6) (1995): 537-543.

Tewari, P.S. Bains e J.P. "Purificação, caraterização química e especificidade do hospedeiro da toxina produzida por Alternaria brassicae". *Physiological and Molecular Plant Pathology* 30 (1987): 259-271.

Thomas Guillemette, Beatrice Iacomi-Vasilescu e Philippe Simoneau. "Ensaio convencional e baseado em PCR em tempo real para deteção de Alternaria brassicae patogénica em sementes de crucíferas". *The American Phytopathological Society* 88 (5) (2004): 490-496.

Thomma, Bart P. H. J. "Alternaria spp.: from general saprophyte to specific parasite." *Molecular plant pathology* 4 (4) (2003): 225-236.

Tran Manh Hung, To Dao Cuong, Nguyen Hai Dang, Shu Zhu, Pham Quoc Long, Katsuko Komatsu e Byung Sun Min. "Flavonoid Glycosides from Chromolaena odorata Leaves and Their in Vitro Cytotoxic Activity". *Boletim Químico e Farmacêutico* 59 (1) (2011): 129-131.

Tripathi, Shailendra Kumar Gupta e Satish Chandra. "Atividade Fungitóxica de Solanum torvum contra Fusarium sacchari". *Plant Protection Sciences* 47 (2011): 83-91.

Verma, Neeraj e Shilpi. "Alternaria diseases of Vegetable crops and New Approaches for its Control" [Doenças de Alternaria em culturas hortícolas e novas abordagens para o seu controlo]. *Asian Journal of Experimental Biological Sciences* 1 (3) (2010): 681-692.

Vishwanath, S.J. Kolte, M.P. Singh e R.P. Awasthi. "Indução de resistência na mostarda (Brassica juncea) contra a mancha negra de Alternaria com um isolado-D de Alternaria btassiace avirulento". *European Journal of Plant Pathology* 105 (1999): 217-220.

Printed by Books on Demand GmbH, Norderstedt / Germany